Erfinden ist genial

Widmen möchten wir das Buch
allen unseren Miterfindern bei der Firma IBM.
Es war eine einmalig schöne Zeit, in der wir gemeinsam
mit großer Freude und hoher Motivation kreative Arbeit geleistet haben.
Das Erlebnis einer echten Teamarbeit war beeindruckend
und wird uns ohne Zweifel unvergesslich bleiben.

Holger M. Hinkel, Gerhard Elsner

Erfinden ist genial

So sprengen wir unsere Denkschablonen

2., neu bearbeitete Auflage

expert

Bibliografische Information der Deutschen Nationalbibliothek
Die Deutsche Nationalbibliothek verzeichnet diese Publikation in der Deutschen Nationalbibliografie; detaillierte bibliografische Daten sind im Internet über http://dnb.dnb.de abrufbar.

Dischingerweg 5 · D-72070 Tübingen

Internet: www.expertverlag.de
eMail: info@verlag.expert

Printed in Germany

ISBN 978-3-8169-3303-8 (Print)
ISBN 978-3-8169-8303-3 (ePDF)

Geleitwort von Professor Franz J. Radermacher

Die beiden Physiker Holger Hinkel und Gerhard Elsner haben ein spannendes Buch geschrieben. Sie beschäftigen sich mit Erfindungen und grundlegend mit Kreativität. Kreativ sind der Denker, der Künstler und der Clown – so sieht es Arthur Koestler. Kreativität erscheint uns als das immer wieder große Wunder. Es ist der Ausgangspunkt für die Entwicklung der Menschheit zur beherrschenden Kraft auf dem Globus, für das Neue, für die Innovation, mit der wir Win-Win-Situationen und immer bessere Lebensbedingungen für immer mehr Menschen schaffen.

Wie schon Arthur Koestler, so versuchen auch die beiden Autoren, dem Phänomen der Kreativität nachzuspüren. Sie tun das aufgrund persönlicher Erfahrungen als IBM-Erfinder. Sie haben in ihrem Leben Erfindungen von Bedeutung hervorgebracht und in Patente eingegossen. In ihrem Buch beschränken sie sich aber nicht darauf, dass immer wieder neue Wunder der Kreativität zu „besingen“, nein, sie wollen verstehen, „wie Kreativität geht“. Sie wollen Regeln finden, um Kreativität aktiv zu fördern; sie wollen das nicht greifbare Phänomen Kreativität zumindest in Teilen verstehen – auch wenn sie es dabei in Teilen „entzaubern“.

Beeindruckend ist der Mut, den beide Autoren mit diesem Buch an den Tag legen. Aus dem Buch spricht eine jugendliche Freude am Entdecken und am Fortschritt der Welt – eine Jugendlichkeit, die bei ihnen einerseits wohl genetisch angelegt ist, andererseits aber auch die Folge eines trainierten Gehirns ist, das ein Leben lang mit dem Neuen gespielt hat und spielt.

Die Autoren untersuchen Kreativität in Wechselwirkung mit anderen geistigen Zuständen wie Routine, Intelligenz, Assoziationen und Systematik. Sie machen uns auch mit erstaunlichen Prinzipien vertraut, etwa der Umkehrlogik: „Lösung gefunden, Problem gesucht“ oder der Beobachtung, „dass manchmal ein Nachteil tatsächlich ein Vorteil sein kann“. Sie sagen, „Be crazy“ und „Play around“. Sie übertragen Überlegungen von einem Fachgebiet auf ein anderes, ohne Scheuklappen und Berührungsängste, sie spüren Aha-Effekte auf. Nicht verstanden? Erfinde es neu! Sie dehnen Erfinden und Kreativität auf das ganze Leben aus, auch in den Bereich der Kunst – der Musik, der Malerei und der Dichtkunst und fragen etwa: Wie erfinde ich ein Gedicht?

Die Autoren machen auch klar, wie man rechtlich mit Erfindungen umgeht, was geschützt werden kann und was nicht. Aber dann tun sie noch mehr, mehr als man in technikorientierten Büchern über Innovation und Erfinden in der Regel erwartet bzw. findet. Sie fragen nämlich nach der Zukunft der Menschheit. Sie fragen danach, ob denn Erfindungen wirklich helfen, ob Innovationen die Lösung für eine gute Zukunft der Menschheit sind oder vielleicht doch eher das Problem?

Es wird deutlich: Innovationen können wesentlich zur Lösung großer Menschheitsfragen beitragen – und das gilt gerade heute in einer Welt schier unlösbar erscheinender Probleme, aber es müssen dazu so genannte Bumerangeffekte verhindert werden. Mit diesem Thema der Bumerangeffekte ist der erste Autor als Übersetzer des bahnbrechenden Buches zum Thema von Jacques Neirynck „Der göttliche Ingenieur" bestens vertraut. Verhinderung von Bumerangeffekten erfordert u. a. eine adäquate politische Regulierung der ökonomischen Sphäre, heute vor allem eine adäquate supranationale Regulierung. Und da hakt es gewaltig.

Befund: Unter vernünftigen Regulierungsbedingungen bringt Kreativität uns vorwärts, unter schlechten gilt leider auch oft das Gegenteil. Heute liegen für eine gute Zukunft der Menschheit die größten Engpässe nicht in der Innovation im Bereich der Technik, sondern in der dazu passenden Innovation im Bereich der Regulierung, der Governance, der Global Governance.

Ich freue mich sehr, dass die Autoren das Buch geschrieben haben. Sie haben einzigartige Erfahrungen ihrer Leben zusammengetragen, die Erfahrungen mit ihrer eigenen Profession, mit ihren eigenen Erfindungen, und sie bleiben dort nicht stehen. Sie ordnen ihre Erfindungen und die anderer in einen größeren gesellschaftlichen Kontext ein und dort in die Erkenntnis, dass Erfindungen **janusköpfig** sein können. So schön technische Innovationen auch sind, sie sind in ihrer Wirkung positiv nur in Verbindung mit geeigneten gesellschaftlichen Innovationen, die den Bumerangeffekt verhindern und es so erlauben, diejenigen vernünftigen Dinge in dem adäquaten Maße hervorzubringen, die wir uns alle für die Welt wünschen.

Erfinden ist genial ist ein Buch, das Freude macht zu lesen. Ich wünsche ihm viele interessierte Leser und diesen viele wertvolle Erkenntnisse.

Franz J. Radermacher

Vorwort: Was Ihnen dieses Buch bietet

Kreativität ist ein umfangreiches Gebiet mit vielen Facetten. Es ist in vielen Buchpublikationen behandelt worden – vielleicht sogar erschöpfend. Die Autoren möchten all diesen Publikationen nicht eine weitere, möglichst ebenbürtige an die Seite stellen. Und schon gar nicht dieses Thema umfassend behandeln.

Sie möchten Ihnen vielmehr ihre sehr persönlichen Erfahrungen als IBM-Erfinder mitteilen, Prinzipien, die sie selbst angewendet haben, um technische Ideen hervorzubringen, die IBM als schutzrechtswürdig angesehen hat. Sie haben in vielen Fällen zu Patenten geführt. Die Autoren denken, dass diese Anweisungen zum Handeln relativ leicht kopierbar, d. h. für andere anwendbar sind, und damit vielleicht für Sie von Wert sein können. Wir haben einfache Beispiele ausgewählt, die leicht zu verstehen sind. Die Prinzipien, über die wir schreiben, lassen sich an diesen einfachen Beispielen sehr gut erläutern und verständlich machen.

Sie wenden sich damit in erster Linie an Techniker und Ingenieure, deren Aufgabe es u. a. ist, technische Neuerungen hervorzubringen und zum technischen Fortschritt beizutragen. Die Autoren werden aber nicht versäumen, gelegentlich einen Blick über den eigenen Tellerrand hinaus zu tun. Einige der „Rezepte", die wir Ihnen vorstellen werden, sind nämlich nicht auf technische Bereiche beschränkt. Sie gelten auch in der Kunst oder in gesellschaftlichen Bereichen, ja sogar in ganz privaten. Das muss uns nicht verwundern: Kreativität in verschiedenen Bereichen hat sicher gemeinsame Wurzeln, die überall wachsen.

So wichtig technische Neuerungen weiterhin sind, z. B. im Bereich erneuerbarer Energien, so hat man zurzeit doch den Eindruck, dass der technische Fortschritt vielleicht zu schnell verläuft und Kreativität in anderen Sphären vorrangig wichtig wird: in Politik, Wirtschaft und Ökologie.

Wir haben Ende des 20. Jahrhunderts eine ökonomische Globalisierung in Gang gesetzt, die derzeit mehr Probleme aufwirft, als sie löst. Wichtige gesellschaftliche Aufgaben warten daher auf eine kreative Lösung: Wir benötigen einen Fahrplan in eine stabile nachhaltige globale Zukunft, an dem wir alle kreativ mitwirken sollten. Wir haben deshalb im letzten Drittel dieses Buches als Denkanstoß die globale Entwicklung und die aktuelle globale Situation zu skizzieren versucht, eine Diagnose erstellt, und darüber hinaus Lösungsmöglichkeiten für die aktuellen Probleme diskutiert – eine Therapie.

Damit wird dieses Buch auch für den technisch weniger interessierten Menschen, z. B. für den Politiker und den Wirtschaftsexperten, von Wert sein, andererseits auch für den Künstler, eigentlich für uns alle. Jeder mag selbst entscheiden; hier ist ein Angebot.

Holger M. Hinkel

Gerhard Elsner

Inhalt

1 Einleitung

Junge Ingenieure und Techniker möchten gern unter Beweis stellen, dass sie tüchtig sind und dass man sie natürlich fördern sollte. Sie wollen Karriere machen. Wie könnte man das besser erreichen als durch gute Ideen – durch Erfindungen? Diese sollten so gut sein, dass die Firma oder das Institut, für das die Ingenieure tätig sind, interessiert ist, ein Patent dafür zu erwerben. Moderne Erfinder sind übrigens nur noch selten Bastler; sie sind neugierige, phantasiereiche und verspielte Ideenproduzenten. Das ist ermutigend, denn Ideen zu produzieren geht viel schneller als zu basteln. Und noch ein ermutigender Faktor kommt hinzu: Laien denken oft bei einem Patent an etwas Bahnbrechendes, das man vielleicht nur einmal in seinem Leben schafft – etwas Nobelpreisverdächtiges – wie etwa die Idee des Tunnelmikroskops. Dies entspricht aber nicht der Realität. Normale Patente werden schon für relativ kleine technische Neuerungen vergeben, die keineswegs nobelpreisverdächtig sein müssen! Sie sollten allerdings bestimmte Bedingungen erfüllen, die weiter unten beschrieben werden.

Es gibt neuerdings auch junge Menschen, die weniger an der Entwicklung einer neuen Technik interessiert sind, sondern einfach ökonomisch erfolgreich sein möchten, denen es in erster Linie darauf ankommt „Geld zu machen“! Die wirtschaftliche Globalisierung und das Internet eröffnen heute riesige Chancen, schnell Millionär (oder gar ein Milliardär?) zu werden, wie man es z. B. bei Amazon, Apple, Facebook und Google erfolgreich vorgemacht hat. Dabei kommt es nicht auf technische Ideen an, die durch Patente geschützt werden, sondern auf clevere Geschäftsideen und Schnelligkeit bei deren Umsetzung. Dann ist man in zwei Jahren ein Milliardär, noch ehe die Konkurrenz die ungeschützte Idee ebenfalls gewinnbringend nutzen konnte … Diese jungen Menschen benutzen dabei – vermutlich unbewusst – auch einige der Prinzipien, die wir in diesem Buch vorstellen und die in Kapitel 3 beschrieben werden: *3.5 Don't worry to be crazy, 3.14 Neue Verfahren (das Internet) ermöglichen neue Anwendungen* und *3.17 Kopiere und mach' es dann besser als die anderen!*

Wir, die Autoren dieses Buches, gehören zur Gruppe der Ingenieure; wir wünschten, technische Erfindungen zu machen und dafür Patente zu erhalten. Wir waren allerdings sehr erstaunt, als die Patentabteilung unserer Firma IBM die eine oder andere unserer Ideen zwar publizieren, aber nicht patentieren lassen wollte ... Man ließ uns wissen, dass unsere Ideen zwar neu, aber nicht erfinderisch seien. *Neu zu sein* ist zwar notwendig, um patentfähig zu sein, aber nicht hinreichend: Es müssen zusätzliche Elemente hinzukommen, um Erfindungshöhe zu begründen. Frustriert *hängten* wir deshalb zunächst einmal das Erfinden *an den Nagel ...*

Um es gleich an dieser Stelle zu sagen: *Neu zu sein* allein ist dennoch oft wichtig: Verbesserungsvorschläge, die nicht zu Patenten geführt hätten, aber neu und mit beachtlichen Kosteneinsparungen verbunden waren, wurden von IBM hoch eingestuft und hoch honoriert! IBM hat als Belohnung einen bestimmten Prozentsatz der Einsparung des ersten Jahres an den Vorschlagenden ausgeschüttet – und auch noch vornehmerweise die Steuern dafür übernommen.

Erst Jahre später, motiviert durch einen IBM-Kollegen und späteren Miterfinder, Dr. Jürgen Kempf, nahmen wir dann einen neuen Anlauf, Erfindungen zu machen. Und siehe da – diesmal klappte es. Nach einigen Jahren klappte es sogar so gut, dass wir uns eines Tages zurücklehnten und überlegten, was war denn eigentlich geschehen, dass es im zweiten Anlauf funktioniert hatte, nicht jedoch schon im ersten?

Und wir entdeckten im Nachhinein, dass wir unbewusst einige Prinzipien angewandt hatten, die schließlich zum Erfolg geführt hatten. Anschließend haben wir diese Prinzipien dann bewusst und erfolgreich eingesetzt. Wir haben sie nicht bei anderen gelesen oder von anderen übernommen, sondern wirklich selbst entdeckt. Vielleicht waren andere auch schon auf ähnliche Prinzipien gestoßen? Wahrscheinlich sind aber doch einige ganz neue Empfehlungen dabei. Eigenartigerweise sind die meisten anderen Erfinder nicht in der Lage, ihren eigenen kreativen Prozess zu analysieren – wie einer von uns bei einem *Creativity Workshop* am IBM International Education Center in Brüssel lernte ... Dort erfuhr er auch von den Theoretikern der Kreativität, dass unsere Vorgehensweise offenbar tatsächlich kreativ war. Die erwähnten, zum Teil ganz einfachen Prinzipien, die wir entdeckt haben und die zum Erfolg führten, möchten wir Ihnen hier gern vorstellen. Sie können eigentlich von jedermann angewendet werden, und sie werden Ihnen behilflich sein, Ihre Kreativität zu entfesseln!

Als Beispiele werden wir Ihnen eigene Erfindungen vorstellen. Dabei werden wir auf komplexe technische Details, die schwer verständlich sind und viel Hintergrundwissen erfordern, verzichten. Wir haben für Sie hauptsächlich einfache, gut durchschaubare Erfindungsbeispiele ausgewählt. An diesen lassen sich unsere Prinzipien tatsächlich gut erläutern.

Beim Studium der Erfindungen anderer Erfinder haben wir dann, vielleicht gar nicht so überraschend, entdeckt, dass auch sie manchmal Prinzipien angewandt haben, die unseren entsprechen oder ähneln. Mehrere solcher Erfindungen anderer haben wir deshalb als zusätzliche Beispiele in diesen Text aufgenommen. Ein richtig spektakuläres Beispiel dafür ist eine der großen Erfindungen des letzten Jahrhunderts – der LASER. Wir werden im Abschnitt 3.1 näher auf ihn eingehen. Lassen Sie sich aber durch die großen Erfindungen, die manchmal sogar zu Nobelpreisen geführt haben, nicht schrecken. Die meisten Erfindungen, wie auch unsere eigenen, sind relativ einfache technische Neuerungen. Sie sind alles andere als nobelpreisverdächtig, haben aber dennoch manchmal zu wirtschaftlichen Erfolgen geführt – im Fall von Amazon, Apple, Facebook und Google sogar zu herausragenden wirtschaftlichen Erfolgen.

Mehrere Motivatoren haben uns also ermutigt, dieses Buch zu schreiben: 1) der eigene Erfolg als Erfinder, 2) die Tatsache, dass wir unseren eigenen kreativen Prozess tatsächlich und erstaunlicherweise analysieren können, 3) die Tatsache, dass die Experten/Theoretiker der Kreativität am IBM International Education Center in Brüssel erkennen ließen, dass unser Vorgehen wohl tatsächlich kreativ war und viertens die Erkenntnis, dass auch andere Erfinder nach einigen unserer Prinzipien vorgegangen sind!

Beginnen wir mit einer einfachen Story: Wenn wir über die Autobahn fahren, tauchen immer wieder Brücken mit Brückengeländern auf. Wer aufmerksam ist, kann entdecken, dass optisch bei Überlagerung der beiden Geländer eine größere Struktur, eine Überstruktur, entsteht, und zwar Speichen mit größerem Abstand, die auch noch wandern! Kaum einer achtet darauf, und doch handelt es sich um einen Effekt, der seit langem bekannt ist. Er hat sogar einen Namen, Moiré-Effekt, siehe *Abb. 1,* und wurde schon vor Jahren benutzt, um die Auflösungsgrenze des Elektronenmikroskops deutlich anzuheben! Dies wurde durch die Überlagerung zweier mikroskopisch kleiner Gitter – atomarer Kristallgitter – erreicht. Betrachtete man eine einzelne Kristallfolie, sah man nichts Auffälliges; legte man jedoch zwei Kristallfolien übereinander, sah man plötzlich die Netzebenen der Atome der Kristalle!

Einer von uns hat dies während seiner Diplomarbeit an der Universität Frankfurt im Detail studiert.

Der Effekt tritt nämlich immer dann auf, wenn zwei gleiche Gitter, die ein wenig gegeneinander verdreht sind, überlagert werden. Er tritt deshalb auch bei der Überlagerung von Textilstoffen auf – oder aber, wenn die beiden Gitter nicht verdreht sind, aber verschiedenen Gitterabstand haben, wie bei der Autobahnbrücke. Hier sorgt nämlich die Perspektive für den verschiedenen Gitterabstand bei den beiden Brückengeländern.

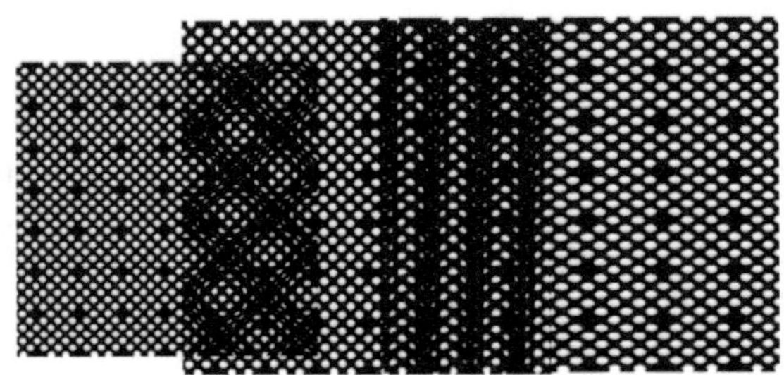

Abb. 1: Moiré-Effekt bei Überlagerung zweier Gitter

Einer von uns erblickte einmal bei einer Radtour im Sommer einen Radfahrer vor sich, der ein Netzhemd trug. Plötzlich erschien ein Moiré-Muster auf dem Rücken des Radfahrers. Das war verblüffend: Woher kam das zweite Gitter? Doch dann begriff er: Das zweite Gitter war der Schattenwurf des Netzhemdes auf dem Rücken des Radfahrers. Der Schattenwurf überlagerte sich auf der Struktur des Netzhemdes – und erzeugte ein Moiré-Muster! Da kam ihm ein Gedanke: Den Effekt des Schattenwurfs könnte man doch technisch nutzen, um die Ebenheit von Oberflächen zu testen, vorausgesetzt, das Ausgangsgitter war selbst von idealer Ebenheit!

Wir haben hier ein erstes Prinzip kennengelernt, das uns hilft, auf neue, vielleicht sogar erfinderische Ideen zu kommen: die aufmerksame *Beobachtung der Umwelt,* um interessante Effekte aufzuspüren! In dem hier vorliegenden Buch werden wir viele weitere solche hilfreichen Prinzipien kennenlernen.

2 Was ist Kreativität?

2.1 Kreativität und Routine

Verglichen mit der Kreativität, hat Routine einen schlechten Ruf. Dabei ist sie viel besser als ihr Ruf, dabei ist sie wichtig, dabei verläuft unser Leben zu 99 Prozent in Routinen ... Erinnern wir uns: Unter Routinen versteht man (Handlungs-)Abläufe, die sich in immer gleicher Weise periodisch wiederholen. Man denkt spontan an langweilige Fließbandarbeit. Aber Routine ist wesentlich mehr: Unser Tagesablauf – aufstehen um 6:00 Uhr, S-Bahn-Fahrt um 7:00 Uhr, Ankunft am Ort der Arbeit um 7:30 Uhr – all das ist Routine und völlig richtig so. Es wäre total verrückt, wenn wir kurz vor 6:00 Uhr, kurz vor dem Aufstehen, überlegen würden, ob es heute nicht besser wäre, den eigenen Wagen statt der S-Bahn zu benutzen oder den Nachbarn zu fragen, ob er uns mitnehmen könne oder zu erwägen, überhaupt zu Hause zu bleiben ... Alles würde durcheinanderkommen! Routinen organisieren unseren Tag, unsere Woche, unseren Monat, unser Leben. In der Natur ist es nicht anders: die Jahreszeiten Frühling, Sommer, Herbst und Winter wiederholen sich in schöner Regelmäßigkeit.

Nicht nur Handlungsroutinen bestimmen unser Leben, sondern auch Denkroutinen. Man könnte sie auch Denkschablonen (oder Denkmoden?) nennen. Gerhard ist mein Freund, Monika meine Freundin, davon darf ich ausgehen. Es bedeutet: Ich kann ihnen vertrauen, sie werden mir sicher helfen, wenn ich Hilfe brauche. Dies etwa täglich in Frage zu stellen, Gerhard und Monika immer wieder auf die Probe zu stellen, wäre verrückt. Jeder kennt das Goethezitat: *Denn was man schwarz auf weiß besitzt, kann man getrost nach Hause tragen!*[*] Eine Denkschablone, die aus einer Zeit stammt, als Gedrucktes eher selten war und besonders hohen Wahrheitsgehalt hatte. Und sich teilweise – denken Sie an Zeitungen – überholt hat, also eine Denkmode war. Immerhin ist ein schriftlicher Beleg auch heute noch von Wert, und juristische Verträge sollte man auch heute noch „schwarz auf weiß“ nach Hause tragen. Sonst könnte man vielleicht Überraschungen erleben …

---

[*] Goethe, *Faust I,* Studierzimmer: Schüler zu Mephisto

Wir gestehen es uns nicht ein, halten uns natürlich für außerordentlich kreativ und denken doch vorwiegend in Denkschablonen, die sehr, sehr selten in Frage gestellt werden. Und das ist normalerweise auch völlig in Ordnung.

Allerdings ist in seltenen Ausnahmefällen ein Durchbrechen der Denk- und Handlungsschablonen gefragt: Passiert etwas Außergewöhnliches, z. B. ein Unfall, ist oft guter Rat teuer, d. h. kreatives Handeln gefragt, das von der Norm abweicht. Auch hier gibt es noch Routinen, die – vorausschauend – etabliert wurden: Die Feuerwehr, die Polizei, der Notruf per Telefon oder Handy! Aber wehe, wenn keines verfügbar ist! Dann müssen neue kreative Ideen her. Das gilt für Einzelpersonen, für ganze Städte (z. B. Stromausfall), für ganze Länder (z. B. Kriegsgefahr), für die ganze Menschheit (z. B. Treibhauseffekt). Kreativität bedeutet also das Sprengen von an sich wichtigen Denk- und Handlungsschablonen im Ausnahmefall.

Routine und Kreativität haben damit beide ihren eigenen wichtigen Platz in unserem Leben. Routine ist dort angezeigt, wo eine schnelle Reaktion auf sich wiederholende Ereignisse gefragt ist, Kreativität dagegen ist die Ausnahme – gefragt, wenn wir uns einer neuen, unbekannten Situation gegenübersehen.

2.2 Kreativität und Intelligenz

Intelligenz ist ein schwer definierbarer Begriff, da verschiedene Menschen unter „Intelligenz" Verschiedenes verstehen. Der eine versteht darunter die Fähigkeit, Einsichten zu gewinnen. Der andere versteht darunter einfach Überlebensfähigkeit. Die meisten verstehen unter Intelligenz nur die Fähigkeit, Informationen oder Wissen zu speichern (wie ein Lexikon) und diese so zu verarbeiten, dass Problemlösungen dabei herauskommen. Das ist wie das Lösen einer mathematischen Aufgabe nach einem Lösungsrezept – einem Lösungsalgorithmus. Beim Computer spricht man daher zu Recht von Routinen.

So verfährt auch der Experte: Er analysiert und löst ein Problem nach einem vorgegebenen – manchmal ziemlich komplexen – Schema, das erprobt ist. Er käme nicht auf die Idee, neue unerprobte und daher unsichere Lösungen in Betracht zu ziehen. Er sieht solche neuen Ideen zu Recht etwas skeptisch. Der Experte handelt richtig, da er das einwandfreie und sichere Funktionieren eines Produktes gewährleisten möchte – ja muss. Der Experte wäre regelrecht fahrlässig, wenn er z. B. einer Änderung an einem Flugzeug zustimmte, die den Treibstoffverbrauch senkt, wenn nicht erwiesen wäre, dass diese Änderung die Flugsicherheit nicht beeinträchtigt.

Allerdings stellt diese, an sich richtige Haltung (mind setting) des Experten in einem anderen Umfeld – wenn es um Neuerungen geht – eher eine Behinderung dar. Dem Experten fallen nämlich bei Neuerungen eher die möglichen Nachteile als die möglichen Vorteile einer unerprobten neuen Lösung ein. Hier ist es aber wichtiger, mögliche Vorteile ins Auge zu fassen. Und hier ist der gebildete Laie, mit einem gewissen Halbwissen, oft unbeschwerter und mutiger. Er lässt mögliche Nachteile einer neuen Lösung zunächst völlig unbeachtet, konzentriert sich auf Vorteile und hat deshalb sogar eine größere Chance als der Experte, neue kreative Lösungen zu finden. Man könnte so weit gehen zu sagen, dass Intelligenz im Sinne von Expertenwissen und Problemlösungsfähigkeit bei der Suche nach neuen kreativen Lösungen eher hinderlich, aber sonst keineswegs überflüssig ist!

2.3 Kreativität und Assoziationen

Kreativ zu sein, hat sicher etwas mit der Fähigkeit zu tun, Assoziationen zu bilden. Darunter verstehen wir das Abrufen bzw. in Erinnerung rufen von Bildern und Mustern, die bereits in unserem Gehirn gespeichert sind.

Einer von uns hörte neulich ein Konzert, bei dem er nicht nur Ohrenschmaus serviert bekam, sondern gleichzeitig visuell verwöhnt wurde: Man projizierte während des Konzerts gleichzeitig bewegte, fantasievolle Strukturen an die Decke und die Wände. Diese Muster erinnerten ihn an mikroskopisch kleine Strukturen auf Chip-Oberflächen. Drei Effekte fielen ihm spontan auf:

a) die Muster waren teils scharf fokussiert, teils unscharf,
b) die Strukturen zeigten Veränderungen an Stufen auf den Wänden,
c) verschiedene Wandbereiche reflektierten das Licht in verschiedenen Farben.

Alle diese Effekte lassen sich eventuell nutzen, um Fertigungsschritte von Chips zu verbessern. Die Assoziation *„projizierte Muster einerseits – Chipstrukturen andererseits“* war also Auslöser von Ideen. Hinzu kam die bewusste Wahrnehmung von Verwunderlichem und die Kenntnis der Fertigungsprozesse von Chips.

Wenn wir auf optische oder akustische Muster in unserem Gehirn zurückgreifen wollen, müssen sie dort bereits vorhanden, dort gespeichert sein. Das bedeutet, sie müssen entweder schon bei unserer Geburt vorhanden gewesen oder irgendwann erlernt worden sein. In den meisten Fällen dürfte es sich um erlernte/erfahrene Strukturen handeln. Die Lebenserfahrung spielt damit bei Assoziationen eine große Rolle. Ein älterer Mensch dürfte damit erstaunlicherweise gegenüber einem jungen Menschen sogar im Vorteil sein.

Assoziationen bieten die Chance der Übertragung von Strukturen und Vorgängen aus einem Gebiet auf ein anderes, ein Prinzip, das wir in Kapitel 4 noch im Detail kennenlernen werden.

2.4 Kreativität: Intuition oder Systematik?

Welchen Anteil haben Intuition und Systematik an der Kreativität? Wir neigen dazu anzunehmen, dass der weit überwiegende Anteil der Kreativität auf Intuition zurückgeht, manche denken sogar, sie sei zu 100 Prozent Intuition: *Es traf mich wie aus heiterem Himmel, ich hatte plötzlich eine Eingebung, im Traum fand ich die Lösung!* Wer kennt sie nicht, diese Äußerungen, die das Unerwartete, Plötzliche, nicht zu Beeinflussende beschreiben.
Das Problem besteht darin, dass sich Intuition tatsächlich nur schwer beeinflussen lässt. Sicher, wir können uns „konditionieren", d. h. in Form bringen, mit Kaffee, mit Alkohol oder sogar mit Drogen. Vielleicht helfen wir damit der Intuition auf die Sprünge. Der Dichter Schiller soll durch den Duft eines faulenden Apfels inspiriert worden sein. Die Wirksamkeit ist aber nicht nachgewiesen.

Vielleicht hat Intuition etwas mit der Fähigkeit zu tun, Assoziationen zu bilden. Diese lässt sich wahrscheinlich einüben.

Sollte sich erweisen, dass in der Kreativität auch ein Anteil Systematik steckt, so wäre der sicher beeinflussbar. Wir möchten Ihnen zeigen, dass dies tatsächlich der Fall ist, dass es systematische Prinzipien gibt, die die Kreativität fördern, die der Intuition *auf die Sprünge* helfen! Es handelt sich in erster Linie um eine neue Geisteshaltung (mind setting), die man einüben kann. Wir werden das im Einzelnen im dritten Kapitel besprechen.

Der berühmte französische Mathematiker Henri Poincaré, *New Scientist No 2777 (2010)*[1] *und ZEIT Nr 35 (2006)*[2], berichtete interessanterweise seinerzeit, dass sein eigener kreativer Prozess immer mit bewusstem Nachdenken – also systematisch – begann, dann folgte ein Loslassen (unbewusste Inkubationsperiode) und schließlich „der zündende Funke" – die „Erleuchtung"! Albert Einstein, Hermann von Helmholtz und Werner Heisenberg beschrieben offenbar ihren kreativen Prozess in ähnlichen Worten. Unsere eigene Erfahrung deckt sich mit dieser Beschreibung.

Hier sei vorab ein Beispiel für das Prinzip des *mind setting* genannt: Wir alle erfahren täglich unerfreuliche Frustrationen (Misserfolgserlebnisse), die wir natürlich als negativ empfinden. Eine Frustration kann aber spontan und raffiniert in ein Erfolgserlebnis umgewandelt werden, wenn wir die Betrachtungsweise bzw. die Aufgabenstellung ändern: Bemerke ich z. B. im Garten eine Überschwemmung, habe ich vielleicht die unerwartete Chance, ein neues Bewässerungssystem zu entdecken!?

Wenn ich auf der Straße, weil sie schneeglatt ist, ausrutsche, kann ich darauf reagieren, indem ich nun betont vorsichtig weitergehe. Ich kann mich aber auch an meine Kindheit erinnern, in der ich Freude daran hatte, bewusst zu rutschen, es also absichtlich getan habe. Wir haben es *schleifen* oder *huscheln* genannt! Probieren Sie es einmal: Man fühlt sich interessanterweise dabei sicherer als beim vorsichtigen Vorwärtstasten ...

Der russische Ingenieur und Wissenschaftler G.S Altschuller hat bereits vor über 50 Jahren versucht zu ergründen, ob systematisches Erfinden möglich ist und auch eingesetzt wird. Er entdeckte, dass dies tatsächlich der Fall ist. Eine gut verständliche Beschreibung der von ihm entdeckten Prinzipien – TRIZ genannt (russische Abkürzung für *Theorie zum Lösen erfinderischer Aufgaben*) findet sich in der Sekundärliteratur – bei Dietmar Zobel, *Kreatives Arbeiten*[3] und *Systematisches Erfinden*[4].

2.5 Promotoren und Killer der Kreativität

Unerfahrene Menschen denken, dass Kreativität generell willkommen sei. Sie hat ja ein außerordentlich positives Image! Das ist richtig, wenn es sich um die *eigene* Kreativität handelt! Das Gegenteil ist der Fall, wenn es um die Kreativität anderer geht. Sie wird oft schlichtweg abgelehnt. Tatsächlich ist ein kreativer Vorschlag ja meistens mit der Aufforderung zu einer Änderung verbunden oder wird gar insgeheim als Vorwurf interpretiert: „Warum bist Du denn nicht selbst auf diese Verbesserung gekommen?"

Einer der Autoren hat in diesem Kontext eine interessante Erfahrung gemacht: Er kauft bei zwei Filialen der Fa. Edeka Lebensmittel ein. In der einen Filiale werden Tüten mit metallischen Heftklammern verschlossen, in der anderen mit Klebestreifen. Die Metall-Heftklammern sind kritisch, könnten eines Tages unbemerkt in die Lebensmittel gelangen und vielleicht auch einmal zusammen mit Lebensmitteln verschluckt werden. Getreu dem Prinzip: hundertmal geht's gut – aber dann geht es eben doch einmal schief! Das wäre gefährlich; der Magen müsste wahrscheinlich ausgepumpt werden. Der Autor hat deshalb in der Filiale, in der Heftklammern verwendet werden, angeregt, auf die ungefährlicheren Klebestreifen umzustellen. Es erfolgte jedoch nichts. Er hat die Anregung behutsam wiederholt. Bis heute ist alles beim Alten …

Menschen neigen dazu, an dem, was sie kennen, festzuhalten, selbst wenn etwas Neues deutlich besser sein sollte. Sie scheuen bereits die Umstellung, getreu dem Prinzip „Der Spatz in der Hand ist besser als die Taube auf dem Dach". Vielleicht scheuen sie auch die Anstrengung bei der Umstellung …

Dabei ist es sinnvoll, sich Neuem zu öffnen, dazuzulernen und Wandel zuzulassen. Nicht nur in der Jugend, sondern während des ganzen Lebens. Gelegentlich hört man von älteren Menschen: *Ich habe genug gelernt, ich möchte nichts mehr dazulernen.* Das ist eigentlich bedauerlich; denn Lernen ist Freude, natürlich manchmal auch ein bisschen anstrengend, zugegeben. Aber vergessen wir nicht: Es gibt wahrscheinlich keine Lust ohne Leistung … In schwierigen Zeiten überleben solche Unternehmen, die zum Wandel und zur Anpassung an neue Gegebenheiten fähig sind. Zu Kreativität gehört jedenfalls Lernfreude; sie sind zwei Geschwister.

Lernprozesse sind besonders effektiv, wenn Fehler zugelassen werden. Der Perfekte, der keine Fehler macht, beraubt sich damit eventuell einer Möglichkeit hinzuzulernen. Hat man jedoch den Mut, Fehler zu akzeptieren, ja bewusst zuzulassen, dann eröffnet man sich die Chance, aus ihnen zu lernen. Besonders dann, wenn man anschließend versucht, Fehler auf verschiedenste Weise zu korrigieren! Sehr schnell findet man dann heraus, welcher der beste Weg ist, den gemachten Fehler das nächste Mal zu vermeiden. So wird z. B. ein Klavierspieler, der falsch gespielt hat, weil der Fingersatz nicht optimal war, mehrere neue Fingersätze ausprobieren und herausfinden, welcher besonders wenig fehleranfällig ist. Wir haben hier eine weitere Schwester der Kreativität kennengelernt, die Fehlertoleranz! *Lernfreude und Fehlertoleranz sind beide Geschwister der Kreativität!*

Manchmal wird Kreativität, wenn es nicht die eigene ist, regelrecht bekämpft – besonders unter Berufskollegen! Die mildeste Form ist das Aufzählen von Argumenten, warum eine neue Idee nicht funktionieren kann ... Oft wird harte Kritik geübt. Besonders Experten sind darin nicht zu übertreffen! Kreative Ideen anderer wecken offenbar unseren Neid. (Natürlich gibt es keinen Neid bei uns selbst – aber bei anderen sehr wohl!). Die Amerikaner haben es – wie immer – auf den Punkt gebracht und dieser Haltung einen Namen gegeben: NIH-Effekt, d. h. „**N**ot **I**nvented **H**ere"... Kann man es treffender sagen?

Der NIH-Effekt ist ein Ideenkiller! Er ist natürlich unerwünscht! Wie werden wir ihn aber los?? In der Firma IBM, für die wir tätig waren, haben wir Kollegen untereinander vereinbart, dass in der ersten Phase der Diskussion neuer Ideen keinerlei Kritik geübt werden durfte! Diese wurde erst in einer späteren Phase zugelassen. Zu Anfang durften nur positive unterstützende Argumente genannt werden – also Vorteile der neuen Ideen. Das Verfahren ist bekannt als *Brainstorming*. Es wirkte tatsächlich Wunder!

Es gibt einen weiteren Förderer der Kreativität: Wenn man nämlich von vornherein vereinbart, dass die Verwertung neuer Ideen *gemeinsam* erfolgen soll. Das bedeutet z. B. bei einer Patentanmeldung, dass alle Diskussionsteilnehmer auch Miterfinder werden. Dies führt dazu, dass Neid (der ja immer versteckt ausgelebt wird) weitgehend ausgeschaltet ist. Falls die Gruppengröße vier Personen übersteigt, wird es freilich problematisch. Zumal erfahrene Patentanwälte sehr wohl wissen, dass die *zündende Idee* meist doch von einem Einzelnen stammt! Allerdings dürfen die anderen meistens für sich in Anspruch nehmen, wenigsten unentbehrliche Katalysatoren gewesen zu sein. So könnte man sogar seine Frau oder Freundin als Miterfinderin einbringen, was einer von uns tatsächlich einmal getan hat.

An dieser Stelle taucht die Frage auf, ob eine Problemlösung durch eine einzelne Person eine höhere Qualität hat als eine Lösung durch eine Gruppe oder umgekehrt. Hier gibt es neue Erfahrungen aus jüngster Zeit in der Mathematik: In der Vergangenheit wurden geniale Lösungen von Problemen in der Mathematik meistens durch Einzelpersonen in Klausur gefunden. Beispiele sind *Fermats letzter Satz* durch *Andrew Wiles*[5] und die *Poincaré Vermutung* durch *Grigori Perelman*. Letzterer wurde auch mathematischen Laien in der Presse bekannt, da er die Annahme der berühmten Fields Medaille, die ihm 2006 zuerkannt wurde, abgelehnt hat, ebenso wie eine hohe Preissumme ...

Kürzlich wurde im Internet ein neuer Weg der kooperativen Mathematik beschritten, an dem viele Menschen teilnehmen dürfen, sogar mathematische Amateure – ähnlich wie bei dem berühmten Internet-Lexikon Wikipedia, wo auch Laien mitschreiben dürfen. Zu den Begründern gehören die Mathematiker Terence Tao und Timothy Gowers. Bilden mehrere mathematische Gehirne ein Super-Brain? Tatsächlich gelang es 39 Teilnehmern im *Polymath1 Projekt,* das *Density Hales-Jewitt Theorem* in sechs Wochen gemeinsamer Arbeit zu beweisen – schnell und effizient! Das Überraschende war, dass auch Amateure wichtige Beiträge bei der Lösung dieses Problems leisten konnten, *New Scientist No 2811 (2011)*[6].

Einer von uns hat selbst einmal vor zehn Jahren ein mathematisches Problem gemeinsam mit einer Informatik-Studentin in vier Tagen gelöst, für das er sonst wahrscheinlich sehr viel mehr Zeit benötigt hätte. Die Studentin und er selbst waren 800 km voneinander entfernt; der Informationsaustausch erfolgte über Fax und E-Mail. Es handelte sich um die Aufgabe, *acht fiktive Damen auf einem Schachbrett so anzuordnen, dass sie sich nicht unmittelbar gegenseitig bedrohen.* Dafür gibt es insgesamt 92 Lösungen, die sich aber durch eine Symmetriebetrachtung auf zwölf wesentlich verschiedene Lösungen reduzieren lassen. Aus diesen zwölf Lösungen gehen nämlich alle anderen durch Rotation um 90, 180 und 270 Grad um die Mittelsenkrechte des Schachbretts hervor bzw. durch Spiegelung an den beiden Diagonalen und an den Halbierenden. Jede der zwölf wesentlich verschiedenen Lösungen bedeutet also eigentlich nicht eine Lösung, sondern acht Lösungen. Dies führt dann zu insgesamt $12 \times 8 = 96$ Lösungen. Warum ist die richtige Zahl der Lösungen aber 92 und nicht 96? Das liegt daran, dass eine der zwölf Lösungen so hochsymmetrisch ist, dass nicht acht, sondern nur vier neue Lösungen durch Rotation bzw. Spiegelung entstehen – also $(11 \times 8) + (1 \times 4) = 92$. Es war ein Polymath-Projekt mit zwei Personen.

Fassen wir noch einmal zusammen: Neid, der sich in Kritik offenbart, ist ein Killer – Kooperation ein Förderer der Kreativität! Weiter unten werden wir noch viele weitere Förderer der Kreativität kennenlernen.

Es gibt Förderer bzw. Auslöser von Kreativität, die eher nicht wünschenswert sind und eine besondere Kategorie darstellen. Sie sollen, ihrer Häufigkeit und ihrer Antriebskraft wegen aber erwähnt werden. Jeder kennt den Ausspruch „Not macht erfinderisch". Das ist sicher richtig. Jemand, dessen Leben total unbefriedigend ist oder gar gefährdet, wird vielleicht besonders große Anstrengungen machen, es zu ändern. Vorausgesetzt, er ist nicht in Panik. Denn Panik ist ein schlechter Ratgeber und ein Killer der Kreativität.

Auch Gier, Geldgier und Machtgier sind gewaltige Motoren für Kreativität! Auf wohl keinem Gebiet wird so viel Kreativität entwickelt wie dort, wo es darum geht, an das Geld anderer heranzukommen. Die global agierenden Finanzjongleure haben es uns vorgemacht und mit Spekulationen und Krediten eine weltweite Finanzkrise heraufbeschworen.

Auf virtuellen Treffpunkten im Internet wie Facebook oder Twitter, ebenso bei Google, werden geschickt Kundendaten gesammelt, die leicht missbraucht werden können. Die Internetseite *WikiLeaks* hat Ende 2010 vertrauliche Daten der US-Regierung publiziert. Das Ergebnis hat gezeigt, welche Macht auf diese Weise ausgeübt werden kann. Es handelt sich sowohl um eine Indiskretion als auch um triviale Informationen, die nicht gutem Journalismus entsprechen. Dieser deckt z. B. heimlichen Betrug oder Korruption Mächtiger auf; ein positives Beispiel ist die Website *Guttenplag*.

Ein modernes Smarthandy weiß, wo sein Benutzer sich gerade befindet, und kann ihn kundenspezifisch auf interessante Schnäppchen an der nächsten Ecke aufmerksam machen. Oder auf Freunde, die gerade in der Nähe shoppen … Diese Kenntnis des Standorts kann natürlich auch genutzt werden, um den Kunden total zu manipulieren. Die einfallsreichsten Betrugsfälle passieren auf dem Sektor, bei dem es um Geld und Macht geht.

Es wäre sicher interessant zu untersuchen, nach welchen Prinzipien *dort* vorzugsweise vorgegangen wird! Wir wollen es uns dennoch an dieser Stelle „verkneifen“. Wir haben uns zum Ziel gesetzt, Prinzipien kennenzulernen, die man mit gutem Gewissen weitergeben kann. Dazu gehören die Promotoren Geld- und Macht-Gier nicht.

2.6 Kreativität und Innovationen

Eigentlich sind Erfindungen und Innovationen ein Gespann: Erfinden ist das Hervorbringen neuer Ideen; Innovationen sind das Umsetzen neuer Ideen in ein Produkt – also der Folgeschritt.

Beide Teilschritte vom Nichts zum Produkt werden im Allgemeinen von verschiedenen Menschengruppen vorangetrieben. Und jede bescheinigt der anderen, dass ihr Teilschritt sehr einfach sei. Eifersüchteleien sind also an der Tagesordnung.

Geben wir jeder Gruppe die Ehre, die ihr gebührt. Es mag einfach sein, etwas Neues vorzuschlagen – aber etwas wirklich gutes Neues, z. B. einen technischen Durchbruch, vorzuschlagen, das ist doch schwierig, passiert auch nicht jeden Tag, ist eher selten. Ehre sei also dem Erfinder, der mit seiner ausgefallenen Idee den technischen Fortschritt voranbringt! Die Fa. IBM hat ihre Erfinder geehrt *in appreciation and recognition of creative contributions to IBM progress!*

Der Innovator hat eine undankbare und zeitraubende Aufgabe: Er darf die Idee eines anderen zu einem Produkt entwickeln. Das kostet Mühe und Schweiß. Das dauert Zeit. Und das geht wahrscheinlich nur gut, wenn er sich mit der Idee eines anderen voll identifizieren kann, wenn es ihm eine Ehre ist, diese Idee in ein Produkt zu formen, ohne Eifersüchteleien und ohne Neid. Ehre sei also auch dem Innovator bzw. dem Entwickler eines neuen Produktes!

Tatsächlich brauchen wir beide, den Erfinder und den Innovator, auf dem Weg vom Nichts zu einem Produkt. Manchmal vereinen sich sogar beide in einer Person, aber doch eher selten – zu unterschiedlich sind die Anforderungsprofile beider: den Erfinder wird spontaner Ideenreichtum auszeichnen, der Innovator dagegen muss Stehvermögen und Ausdauer haben. Gegensätzlicher geht's nicht.

2.7 Kreativität in der Technik und in der Kunst

Technik und Kunst werden im Allgemeinen als etwas Verschiedenes betrachtet. In der Technik hat man es vorwiegend mit Problemlösungen und konkreten Verbesserungen zu tun. Die spielen in der Kunst keine Rolle. Dort sind vielleicht neue, überraschende Strukturen, neue Kombinationen von Farben und Formen, neue Kombinationen von Wörtern oder neue Kombinationen von Tönen von Interesse.

Aber die Begriffe „neu“ und „überraschend“ sind eben auch bei Ideen im Bereich Technik von entscheidender Bedeutung. Tatsächlich ist ein Überraschungseffekt nötig, wenn eine neue technische Idee erfinderisch sein soll. Kreativität ist ja eine Geisteshaltung bzw. kann durch eine geeignete Geisteshaltung ausgelöst werden. Es geht darum, Denkschablonen zu sprengen, Grenzen zu überschreiten, aufmerksam zu beobachten und Verwunderliches aufzuspüren. Und dies gilt in der Technik ebenso wie in der Kunst.

Die Japaner haben uns vorgemacht, wie man in der Technik zunächst kopiert und lernt, aber dann schließlich Grenzen überschreitet und Überraschendes, völlig Neues, generiert. Die Bereiche Multimedia und Elektronik sind deshalb heute fest in japanischer, chinesischer und südkoreanischer Hand. Wer weiß, wo sich die Kreativität auf diesem Gebiet übermorgen niederlässt …

Gehen wir zur Kunst: Dr. Gerhard Mayerhofer, ein Richter und Freund aus Wien, hat ein originelles lustiges Gedicht über den Reifeprozess von jungen Menschen verfasst, das auf der nächsten Seite wiedergegeben ist. Es hat einen von uns inspiriert, das Versmaß und Reimschema auf ein ganz anderes Thema zu übertragen und damit in ähnlicher Weise zu kopieren wie in der Technik. Ich hoffe, dass Gerhard Mayerhofer es mir nachsieht.

Gerhard Mayerhofer: Reifeprozess

Ein Mensch, als Kleinkind, wird gepflegt,
Von seinen Eltern wohl gehegt.
Mit Creme wird die Haut bestrichen,
Bis jeder Pickel ist gewichen
Und hinter seiner kleinen Stirn
Wächst hoffnungsvoll das Großgehirn.
Es wird trainiert und denkgestärkt,
Bis es mit höchster Logik werkt.

Doch wie sich alles später wandelt:
Mit Piercing wird die Haut verschandelt;
Mit Bier wird das Gehirn zerstört;
Dazu ein Trip, wie sich´s gehört.
Worauf der Mensch sitzt in der Ruh´,
Blitzt ungeniert nun ein Tatoo.

Was über Jahre aufgebaut,
Ist nun in kurzer Zeit versaut.

Holger M. Hinkel:
Milch von glücklichen Kühen

Die Kuh, als Kalb schon wird gepflegt,
Der Kuhmilch wegen sehr gehegt.
Sie liefert Butter, Käse, Fleisch,
Die Ochsenzunge - butterweich!
Und hinter ihrer breiten Stirn
Wächst, was wir lieben - wächst ihr Hirn!
Und dies kommt nicht nur auf den Tisch,
Auch in Kosmetika - taufrisch!
Ob Ochsenschwanz, Horn, Leber, Galle
Arz'neien und Lebensmittel werd'n sie alle!
Und deshalb - ohne mäh und muh,
Sei sie glücklich - uns're Kuh!

Doch wie schnell die Zeit sich wendet,
Das Paradies der Kühe endet:
Statt Soja, Gras, Getreidefutter
Sorgt Tiermehl nun für gute Butter!
Und so wird nachhaltig und smart
Tierrestentsorgung eingespart!
Ob ohne oder mit Prionen,
Futter-Business muss sich lohnen!
Spricht jemand von *mad cow disease*?
Wer macht mein BSE Steak mies?!

Auch in der *Malerei* wird manchmal kopiert und gleichzeitig verwandelt, so dass etwas Überraschendes, Neues entsteht. Darüber werden wir in Abschnitt 3.17 berichten. Ein überraschendes Verfahren bei Zeichnungen bzw. Bildern wollen wir aber schon an dieser Stelle erwähnen – Vexierbilder, bei denen man „sich plagen" muss, um hinter dem vordergründigen Bild weitere versteckte Motive zu finden. Uns allen sind Beispiele bekannt: Die Vase einerseits, das sich küssende Paar andererseits; das Gesicht einer alten Frau einerseits, der Körper einer jungen Frau anderseits. Im Abschnitt 3.17 werden wir ein weiteres, Ihnen wahrscheinlich noch nicht bekanntes Beispiel bei einem Gemälde von Michelangelo kennenlernen.

Im Bereich der *Musik* gibt es verschiedene schöpferische Bereiche: den der Komposition und den der Interpretation von fertigen Kompositionen, außerdem noch den Bereich der Improvisation, der vielleicht zwischen den beiden genannten steht. Betrachten wir z. B. die Interpretation: Johann Sebastian Bach hat einen berühmten Choral komponiert, der in der Matthäuspassion gleich mehrfach auftaucht, *„O Haupt voll Blut und Wunden"*. Der Choral ist tieftraurig. Unterlegen Sie ihm aber einen anderen Text, z. B. *„Befiehl du deine Wege und was dein Herze kränkt der allertreusten Pflege, des der den Himmel lenkt"*, so gewinnt der musikalisch gleiche Choral eine völlig andere, überraschende Qualität.

Nun ist das vorherrschende Gefühl Glaubensgewissheit! Und die ist von tiefer Traurigkeit völlig verschieden. Durch einen neuen Text wurde hier eine neue musikalische Qualität geschaffen. Das ist wirklich erstaunlich und völlig überraschend.

Jeder Musiker weiß es im Übrigen, dass das gleiche Stück sehr verschieden gespielt und interpretiert werden kann. Der Charakter kann sich dabei völlig ändern, obwohl das kompositorische Notenbild das gleiche ist.

Es gibt einen weiteren Bereich, in dem man das Charakteristische der Kreativität sehr gut studieren kann – nämlich bei Witzen! Bei Witzen besteht das Überraschende, Kreative darin, dass das Thema bzw. die Ebene plötzlich gewechselt wird – wie man an folgendem Beispiel aus der ehemaligen DDR sehr schön erkennen kann:

Kunde:	Haben Sie Tomaten?
Verkäufer:	Nein, wir haben keine Tomaten!
Kunde:	Haben Sie Äpfel?
Verkäufer:	Nein wir haben keine Äpfel!
Kunde:	Haben Sie Brot?
Verkäufer:	Nein, wir haben kein Brot!
Kunde:	Ja, was haben Sie denn?
Verkäufer:	Wir haben von 9 bis 13 Uhr geöffnet! ...

Oder Überraschendes besteht darin, dass man ein Organ, wie das Herz, einmal physiologisch sieht, das andere Mal im übertragenen Sinn – als Sinnbild für das Gemüt (mein Herzallerliebster oder meine Herzallerliebste).

Welche sind also die Kreativen unter uns? *Arthur Koestler*[7] ist in seinem interessanten Buch *The Act of Creation* der Meinung, es seien der Witzbold bzw. der Clown, der Wissenschaftler bzw. der Weise, und der Künstler ... Es dürfte auch noch andere Kreative geben.

Wie kann man aber seine Kreativität fördern? Der *New Scientist, No 2707 (2009)*[8] ist der Meinung, dass es auf folgende Weise möglich ist:

Umarme den Nörgler in Dir!
Lass Deinen Geist wandern (nicht Dein Auto)!
Spiele Klavier!
Sei gemeinsam mit anderen kreativ!
Färbe Deine Welt schön!
Sei verspielt!
Trink ab und zu ein Glas!
(Du bist deshalb nicht kreativer, aber Du fühlst Dich kreativer!)

Wenn Sie unsere Prinzipien kennenlernen, werden Sie sich an diese Empfehlungen erinnern!

Fassen wir am Schluss noch einmal zusammen, was Kreativität in unseren Augen ist: Kreativität und Routine stehen eigenständig nebeneinander, Kreativität wird durch Intelligenz manchmal eingeengt, Assoziationen sind Teil der Kreativität, sie ist eine Mischung aus Systematik und Intuition, Kreativität ist eine Geisteshaltung, eine Einstellung, die Art und Weise, wie man die Umwelt betrachtet und mit ihr umgeht. Sie dürfte deshalb mindestens teilweise erlernbar sein, ähnlich wie das Autogene Training.

3 Die Prinzipien zur Entfesselung der Kreativität

Nun kommen wir zum eigentlichen Hauptthema dieses Buchs – den Prinzipien, die wir angewendet haben, um unserer eigenen Kreativität *auf die Sprünge zu helfen*. Das geschah zunächst unbewusst, später aber dann ganz bewusst. Und damit waren wir sehr erfolgreich. Wir möchten Ihnen deshalb diese Prinzipien mitteilen und Sie ermuntern, sie selbst auszuprobieren! Neues entdecken und Neues erfinden macht nämlich Freude!

3.1 Das Universalprinzip Umkehrung: Lösung gefunden – Problem gesucht

Klingt verrückt, nicht wahr? Der normale Weg – die Routine – ist, dass zunächst ein Problem auftaucht und anschließend eine Lösung dieses Problems gesucht wird. Hier ist es umgekehrt: Erst wird eine überraschende Lösung gefunden, ohne dass ein Problem existiert und erst anschließend ein dazu passendes Problem gesucht, d. h. eine Anwendung in einem technischen System, das von dieser Lösung profitieren kann. Oder haben wir sogar ein völlig neues technisches System gefunden?

Die Umkehrung ist tatsächlich ein elementares Prinzip, vielleicht sogar das wichtigste des Erfinders. So wird es von *Dietmar Zobel*[3,4] beschrieben. Und einige unserer nachfolgend beschriebenen Prinzipien lassen tatsächlich das übergeordnete Prinzip Umkehrung erkennen. Hier wird dieses Prinzip nun auf die Spitze getrieben: Wir kehren nicht irgendeinen technischen Prozess um, wir kehren den Erfindungsprozess selbst um!

Sie haben bereits ein Beispiel für das Prinzip *Lösung gefunden – Problem gesucht* kennen gelernt: Als einer von uns auf dem Rücken des Fahrradfahrers mit Netzhemd eine Moiré-Struktur entdeckte! Die aus der Überlagerung des Gitters des Netzhemdes mit seinem Schattenwurf resultierte. Dieser Effekt ließ sich verwenden, um die Ebenheit bzw. die Art der Verformung von Oberflächen zu testen.

Aber wo ist so etwas gefragt? Wo ist die Ebenheit von Oberflächen ein wichtiger Parameter, der gemessen werden muss?

Hier kam uns unsere Kenntnis der Herstellung von Computer-Chips und Magnetplattenspeicher zu gute: Bei Magnetplatten und bei Silizium (Si)-Scheiben (Wafers) war die Ebenheit tatsächlich ein wichtiger kritischer Parameter. Hier lässt sich also ein solches Messverfahren sinnvoll einsetzen!

Kaum zu glauben, aber dennoch wahr: Als die 1968 von Gordon Moore und Robert Noyce gegründete Firma Intel – die zunächst Halbleiter-Speicher herstellte – im Jahre 1971 ihren ersten Mikroprozessor vorstellte (die Central Processing Unit (CPU) on a Chip – 4004), eine phantastische Lösung, war das Interesse allgemein gering: Es war eine Lösung, für die es kaum Probleme bzw. Anwendungen zu geben schien. Nicht viel besser erging es dem Nachfolger 8008. Erst mit dem Mikroprozessor 8080 *fiel der Groschen* – im Jahre 1974! Dann explodierten die Anwendungen und das Interesse der Industrie! *Michael S. Malone* hat diese Geschichte in seinem Buch *Der Mikroprozessor*[9] ausführlich und außerordentlich spannend beschrieben.

Auch die Erfindung des ***LASERs****, dieser einzigartigen Lichtquelle, die völlig neue Eigenschaften hat und damit viele neue Anwendungsmöglichkeiten, wurde als *eine Lösung* bezeichnet, *die nach Problemen „suchte", die man mit dem neuen Hilfsmittel lösen konnte.* Die besondere Eigenschaft des LASERS ist sein monochromatisches, kohärentes, modulierbares und gut fokussierbares Licht. Damit ergeben sich Einsatzmöglichkeiten für Messzwecke, Informationsübertragung, Informationsspeicherung und – wegen der durch gute Fokussierung hohen erreichbaren Energiedichte – für die Bearbeitung von Materialien. Beim Computer kennt jeder den Laserdrucker/Scanner, die Compact Disc (CD) und die Digital Versatile Disc (DVD) – beide sind optische Speicher. Außerdem kommen inzwischen optische Verbindungen zwischen Computerkomponenten und auf Chips zum Einsatz.

Der LASER ist eine der großen Erfindungen des 20. Jahrhunderts. Insgesamt elf Nobelpreise für Physik und Chemie sind zwischen 1964 und 2005 mit engem Bezug zum LASER vergeben worden. Tatsächlich werden Nobelpreise normalerweise nicht für Erfindungen, sondern für Entdeckungen vergeben. Entdeckungen machen heißt „Erfindungen" der Natur offenlegen. Beispiele

* *LASER*: ***L**ight **A**mplification By **S**timulated **E**mission of **R**adiation*

sind die Entdeckung neuer Planeten, die Entdeckung eines Naturgesetzes, die Entdeckung der Stimulierten Emission (LASER!).

In neuerer Zeit werden Nobelpreise allerdings auch für echte Erfindungen der Menschen vergeben, wie z. B. das ***Scanning Tunneling Microscope*** von Gerd Binnig und Heiner Rohrer. Sie waren 1981 überraschenderweise in der Lage, mit diesem Mikroskop die Atome an der Oberfläche eines Silizium Kristalls sichtbar zu machen. Und erhielten bereits im Jahre 1986 – also nur fünf Jahre später – den Nobelpreis für Physik. Auch bei den Erfindungen, die dann zu Nobelpreisen führten, wurden teilweise die Prinzipien benutzt, die wir Ihnen hier vorstellen (siehe die Tabelle auf Seite 27).

Bei den ***Hochtemperatur-Supraleitern*** verging zwischen der Entdeckung durch Georg Bednorz und Alex Müller 1986 und der Verleihung des Nobelpreises in Physik 1987 nur ein einziges Jahr! Diese schnelle Preisverleihung ist neu: Früher mussten die Wissenschaftler oft sehr lange auf die Nobelpreis Auszeichnung warten. Durch den Preis wurde ihre wissenschaftliche Gesamtleistung während ihres ganzen Lebens gewürdigt. So musste z. B. Ernst Ruska, der Wegbereiter der Elektronenmikroskopie, bis zu seinem 80. Lebensjahr auf diese Ehrung warten! Und Robert Noyce war bereits verstorben, als die Erfindung des Integrierten Schaltkreises mit dem Nobelpreis ausgezeichnet wurde. Den Preis erhielt deshalb Jack Kilby allein. Heute reicht oft eine einzige Entdeckung aus, um den begehrten Preis zu erhalten. Einige der Preisträger treten anschließend kaum mehr wissenschaftlich in Erscheinung. Ein erwähnenswertes Gegenbeispiel ist Nicolai Basow, der 1964 den Nobelpreis in Physik erhielt – für seine Arbeiten auf dem Gebiet der Quantenelektronik – und später im Jahre 1970 den *Excimer Laser* erfand, der heute bei der Herstellung von Chips unentbehrlich geworden ist.

Die Geschichte der Entdeckung der Hochtemperatur-Supraleiter ist besonders interessant: Sie begann im Jahre 1911 mit einer Entdeckung des Holländers Kamerlingh Onnes, eines Experten für die Verflüssigung von Gasen. Er beobachtete, dass der elektrische Widerstand von Quecksilber bei 4,15 K (-269,0 °C) völlig verschwindet. In den folgenden Jahrzehnten haben Wissenschaftler mit großem Eifer versucht, Materialien zu finden, die bei höheren Temperaturen supraleitend sind, da spektakuläre Anwendungen vorausgesagt wurden: Speicherung und verlustfreie Übertragung elektrischer Energie, extrem starke Magnetfelder für die Kernfusion, Magnetschwebebahnen. Der Erfolg der Suche war begrenzt: Bis 1986 war der Rekord 23 K bei einer Verbindung aus den Elementen Niob und Germanium (Nb_3Ge). Die Hoffnung, ein Material zu finden, das oberhalb der Temperatur von 77 K des flüssigen Stickstoffs (ein billiges Kühlmittel) supraleitend wird, hatte sich nicht erfüllt … Da berichteten, völlig überraschend, Georg Bednorz und Alex Müller, IBM, 1986 von Supraleitung bei 35 K in einer Keramik aus den Elementen Lanthan (La), Barium (Ba) und dem Oxid des Kupfers.

Tatsächlich war die Entdeckung unglaublich: Prof. Buckel, einer der Experten, die bei der Verleihung des Nobelpreises gefragt wurden, sagte einem von uns, dass er anfangs nicht an etwas Substantielles geglaubt habe. Zu oft schon habe es Ankündigungen gegeben, die sich dann als Fehlmeldungen erwiesen. Der Meißner-Ochsenfeld-Effekt bei den Keramiken habe ihn dann aber überzeugt! Nur wenig später wurde Supraleitung bei 93 K in einer Keramik aus den Elementen Yttrium (Y), Barium (Ba) und dem Oxid des Kupfers gefunden! Der Durchbruch war geschafft! (Heute steht der Rekord bei 138 K). George Bednorz und Alex Müller hatten die Experten widerlegt – die Hochtemperatur Supraleiter für nicht erreichbar hielten! Dies ist das Prinzip, das wir in Abschnitt 3.10 behandeln werden.

Georg Bednorz und Alex Müller haben die Hochtemperatur Supraleiter keineswegs zufällig gefunden: Sie sind gezielt vorgegangen, haben Materialien in Erwägung gezogen, die nach theoretischen Betrachtungen aussichtsreich waren. So hat Georg Bednorz schließlich ein Mineral, Perowskit aus den Elementen Lanthan (La), Barium (Ba) und Kupfer (Cu) ausgewählt, auf das er durch eine französische Forschergruppe aufmerksam geworden war. Diese hat das Material in einem ganz anderen Zusammenhang – nämlich katalytische Eigenschaften – untersucht. Es war seine Leistung, dass er erkannte, dass dieses Material auch für Hochtemperatur-Supraleitung in Frage kam! Fast wäre Gerd Binnig, der Nobelpreisträger beim Tunnelmikroskop, auch bei den Supraleitern dabei gewesen: Er zog sich aber in der Frühphase der Experimente zurück, da die ersten Ergebnisse nicht aussichtsreich erschienen …

Wie steht es heute um die Anwendungen von Hochtemperatur-Supraleitern? Viele technische Probleme mussten überwunden werden: Die Keramiken sind spröde, Korngrenzen behindern den Stromfluss und reduzieren die maximal erreichbaren Ströme. Die extrem hoch gesteckten Erwartungen wurden zwar nicht erfüllt; immerhin stehen heute Drähte bzw. Kabel mit Tapes zur Verfügung, die fünfmal so viel Strom tragen können als Kupfer, aber auch sechsmal teurer sind … Hochspannungsübertragung elektrischer Energie ist möglich, derzeit aber auf kurze Entfernungen (< 10 km) begrenzt. Sie erfolgt unterirdisch, was durchaus ein Vorteil ist. Bei Verwendung von Hochtemperatur-Supraleitern haben Generatoren von Windrädern ein um 70% geringeres Gewicht und ein deutlich reduziertes Volumen. Das dürfte besonders interessant sein bei Windrädern im Bereich oberhalb von einem Megawatt. Nischenanwendungen gibt es zu Hauf: Große Magnetfelder oberhalb 25 Tesla – wie man sie für die Kernfusion benötigt – kann man nur mit den „heißen" Supraleitern realisieren. Eine interessante Anwendung sind Filter für die Signalübertragung in der Mobilfunktechnik: Diese Filter zwischen Sendestation und Empfänger (Handy/Smartphone), die YBCO-Schichten benutzen, verstärken das Signal und machen es rauschärmer. Der Einsatz solcher Filter könnte es gestatten, Antennenstationen für Handys in größerem Abstand als bisher aufzustellen. Siehe auch: *A. Malozemoff, J. Mannhart, D. Scalapino*[10]

Nobelpreise in neuerer Zeit sind – auch wenn es sich um Entdeckungen handelt – oft eng mit Erfindungen verknüpft. So wurde bei der Entdeckung des ***Giant Magneto Resistance (GMR)*** Effekt 1988 durch den Franzosen Albert Fert und den Deutschen Peter Grünberg sofort ein Patent angemeldet (siehe auch Abschnitt 3.7). Das erste darauf basierende Produkt präsentierte IBM bereits 1997 – ein Festplattenlaufwerk mit einem GMR-Kopf. Der Nobelpreis für Physik wurde den beiden Entdeckern 2007 verliehen. Ein weiteres Beispiel ist der Nobelpreis in Physik 2010, den Andre Geim und Konstantin Novoselov für ihre Arbeiten über Graphene* (eine Monolage Graphit mit besonderen Eigenschaften) erhielten. Ihnen war es 2004 zum ersten Mal gelungen Graphene herzustellen. Die lustige Geschichte erzählen wir später ausführlich in Abschnitt 3.7.

Eigenartig verlief die Entdeckung der ***Fullerene***, der „Fußbälle" aus Kohlenstoffatomen, für die auch ein Nobelpreis vergeben wurde: Bereits 1960 hatte der Japaner Eiji Osawa berechnet, dass ein Molekül aus 60 Kohlenstoffatomen, in Form eines Fußballs, besonders stabil sein müsse. Seine Publikation fand aber keine Resonanz, da sie auf Japanisch abgefasst war. Erst im Jahre 1982 stieß Wolfgang Krätschmer im Max-Planck-Institut Heidelberg bei Untersuchungen über die Bildung von kosmischem Staub auf ein Pulver, das ein auffälliges Ultra-Violett-Spektrum hatte. Eine genaue Identifizierung war jedoch leider nicht möglich …

---

* Wir benutzen die englische Schreibweise *Graphene*, um Verwechslungen auszuschließen.

1984 machte Harald Kroto an der Universität von Sussex ähnliche Untersuchungen über die Bildung von kettenförmigen Kohlenstoffmolekülen im Weltraum. Seine beiden US Kollegen Robert F. Curl und Richard E. Smalley hatten einen Apparat zum Verdampfen von Materialien mit einem Laserstrahl entwickelt. Es bestand die Aussicht, damit auch die Bildung von Clustern zu untersuchen. Tatsächlich zeigte das Massenspektrometer zwei sehr stabile Cluster aus 60 und aus 70 Kohlenstoffatomen! Die Interpretation, der Geistesblitz, kam, als sich einer der Forscher an den kugeligen US-Pavillon des Architekten Buckminster Fuller bei der Expo 1967 erinnerte.

Das war die richtige Assoziation! 1996 erhielten *Curl und Smalley*[11] *und Kroto* den Nobelpreis in Chemie für ihre Entdeckung der sogenannten „Buckminster Fullerene", der Kohlenstoff-Fußbälle (Buckyballs). Wolfgang Krätschmer, der 1982 das erste Mal auf sie gestoßen war und später – 1990 – als erster Buckyballs in größerer Menge herstellen konnte, ging dagegen beim Nobelpreis leer aus …

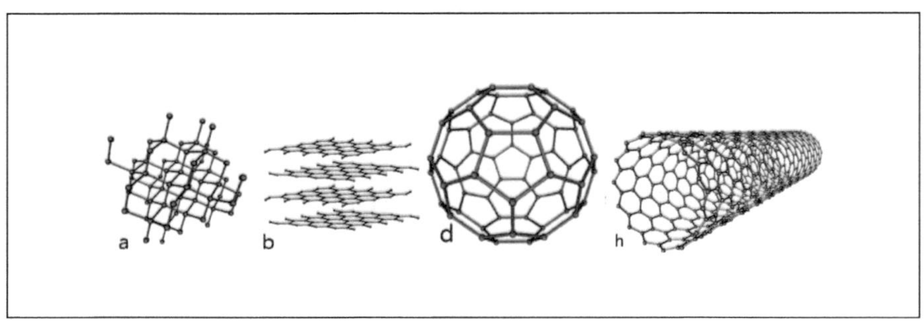

Abb. 2: Anordnung von Kohlenstoff-Atomen (C-Atomen)
(a Diamond, b Graphite, d Fullerene, h Nanotubes)

Man hat viele Hoffnungen auf interessante Anwendungen in diese Buckyballs gesteckt. Sie haben sich bisher nicht erfüllt. An Stelle der Kugeln haben jedoch Röhren aus C-Atomen (Nanotubes) und Filme aus C-Atomen (eine Atomlage Graphit), das erwähnte ***Graphene,*** Aussicht, in der Nanoelektronik zu spektakulären Anwendungen zu kommen. *Abb. 2* zeigt verschiedene mögliche *Anordnungen von Kohlenstoffatomen, Wikipedia*[12]. IBM hat bereits einen *Graphene* Transistor vorgestellt.

Erwähnenswert ist eine neue Publikation zum Thema ***Nanotechnologie***: *Spektrum der Wissenschaft Spezial 1/12: Einblicke in die Nanowelt.*

Die folgende Tabelle zeigt Nobelpreise, bei denen die Entdeckungen u.a. nach Prinzipien erfolgt sind, die wir in diesem Kapitel unseres Buches im Detail vorstellen:

Nobelpreise

Jahr	Preisträger	Für	Unser Prinzip	
				Abschn.
1964 Physik	Townes, Basov, Prochorov	LASER	Lösung vor Problem	3.01
1986 Physik	Binnig, Rohrer	Tunnelmikroskop	Widerlege Experten	3.10
1987 Physik	Bednorz, Müller	Heiße Supraleiter	Widerlege Experten	3.10
1996 Chemie	Kroto, Curl, Smalley	Fullerene	Assoziiere Bekanntes	3.04
2009 Physik	Kao	Glasfaser	Widerlege Experten	3.10
2010 Physik	Geim, Novoselov	Graphen	Play around	3.07

Kehren wir zurück in den „Alltag" eines IBM Wissenschaftlers ohne Aussicht auf einen schnellen Nobelpreis, aber mit der realen Aussicht, Ideen und Patente zu generieren …

Einer von uns hat sich mehrere Jahre mit *Ionenimplantation* beschäftigt, ein Verfahren, das vorzugsweise zur Dotierung von Silizium-Chips eingesetzt wird. Dazu werden Ionen, d. h. geladene Atome, in einer Ionenquelle erzeugt und anschließend in die Siliziumscheibe mit hoher Energie eingeschossen. Sie verändern die elektrischen Eigenschaften des Siliziums und erzeugen so Transistoren.

Der Erwähnte hat einmal eine Ionenquelle (Freeman-Ionenquelle) betrachtet und die Elektronenbahnen in dieser Quelle berechnet. Sie wird von zwei magnetischen Feldern und einem elektrischen Feld gebildet (siehe *Abb. 3: Feldkonfiguration in der Freeman-Ionenquelle).*

Er erhielt ein verblüffendes Ergebnis: Die von der Kathode, einem Wolframstab, emittierten Elektronen erreichen unter normalen Arbeitsbedingungen die zylinderförmig um die Kathode angeordnete Anode nicht!

Sie bewegen sich vielmehr in Pseudozykloiden-Kurven in Richtung des einen Endes des Wolframstabes *(Abb. 4: Elektronenbahnen um den Wolframstab in der Freeman-Ionenquelle).* Es zeigte sich, dass die lokale Elektronenkonzentration (und damit die Ionisierungswahrscheinlichkeit innerhalb der Quelle) über die Größe der Felder, also der Arbeitsbedingungen, gesteuert werden kann. Im Falle dieser Ionenquelle konnte damit ein Problem, nämlich der Verschleiß des Wolframstabs durch einseitige Sputtererosion, mit geänderten Betriebsbedingungen vermieden werden.

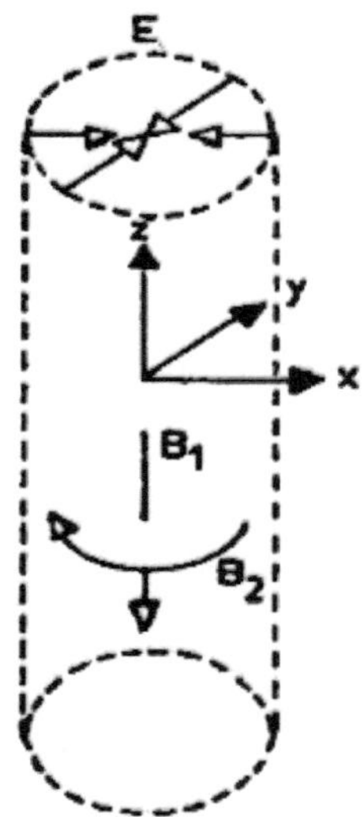

Abb. 3: Feldkonfiguration in der Freeman-Ionenquelle:
Zirkulares Magnetfeld B_2, lineares Magnetfeld B_1
und radiales elektrisches Feld E

Dies war die Lösung eines Problems in einer Ionenquelle. Gab es weitere Probleme, die vielleicht auf diese Weise gelöst werden konnten? Tatsächlich war dies bei einem anderen Gerät möglich, das ähnlich arbeitet – einem Sputter-Magnetron.

Ein Magnetron kennen wir von der Mikrowelle. In unserem Falle wird ein Magnetron ganz anders genutzt – nicht um Materialien zu erwärmen, sondern um sie mit dünnen Filmen zu beschichten.

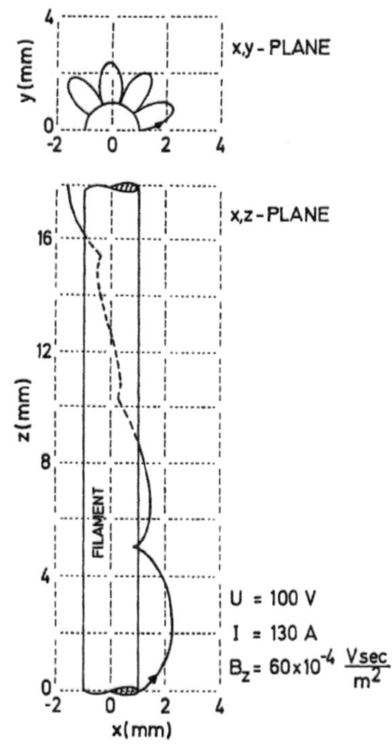

Abb. 4: Elektronenbahnen in der Freeman-Ionenquelle
(Filament = Wolframstab)

Die Sputter-Deposition mit dem Magnetron liefert Filme mit guter Haftung auf der Unterlage und gute Kantenbedeckung von Stufen, die oft erwünscht ist. Dieses Gerät funktioniert folgendermaßen: Die von einer Kathode emittierten Elektronen ionisieren ein Füllgas, z. B. Argon. Die positiven Ionen werden zur Kathode hin beschleunigt und „zerstäuben" diese. Das „zerstäubte" Kathodenmaterial kondensiert anschließend auf der z. B. zylindrischen Anode, wo Siliziumscheiben angeordnet sind, und beschichtet diese. Durch zusätzliche Magnetfelder lassen sich die Laufstrecken der ionisierenden Elektronen verlängern. Damit wird die Ionisierungsrate erhöht. Dies führt zu einer Steigerung der Depositionsrate.

Die Berechnungen und die gewonnenen Erkenntnisse für die Ionenquelle ließen sich auch beim Sputter-Magnetron vorteilhaft anwenden: Durch Anpassung der Betriebsbedingungen kann hier eine deutlich bessere Schichtdickenhomogenität über die gesamte Anode erreicht werden!

Ein weiteres Beispiel ergab sich ebenfalls in der Ionenimplantation: Eine Forschergruppe außerhalb der IBM hatte beobachtet, dass beim Beschuss einer Siliziumoberfläche mit Palladium (Pd)-Ionen sehr kleiner Energie (< 100 eV - Elektronenvolt) die Haftung der Ionen auf der Oberfläche überraschender Weise unterschiedlich war: Auf elektrisch leitfähigem Si war sie stark, auf elektrisch isolierenden Siliziumoxid-(SiO_2)-Bereichen war sie dagegen gering. Das bedeutete, dass im ersten Fall ein schneller Aufbau einer Pd-Metallschicht erfolgte, im zweiten Fall dagegen ein langsamer Schichtaufbau. Erhöhte man die Energie der Ionen auf mehrere 100 eV, verschwand der Unterschied in der Haftung und im Schichtaufbau.

Wir sahen hier eine Chance, diesen Effekt in der Chipfertigung vorteilhaft einzusetzen. Chipfertigung bedeutet, kleinste feinste Strukturen in dünnen Schichten zu erzeugen. Der entscheidende Fertigungsschritt, mit dem diese feinen Strukturen erzeugt werden, ist die Fotolithografie. Sie arbeitet mit Masken für diese Strukturen, die auf den bereits vorhandenen Strukturen justiert werden müssen. Das ist aufwendig. Wenn man einen Maskenschritt einsparen kann, ist es ein großer Vorteil! Genau das schwebte uns vor:

Leiterzüge (Drähte) aus polykristallinem Si müssen oft durch Metalle verstärkt werden, um die elektrische Leitfähigkeit zu erhöhen. Normalerweise ist dazu ein weiterer aufwendiger Maskenschritt nötig. Wir schlugen vor, ohne Maske selektiv auf den Poly-Silizium-Leiterzügen Metall zu deponieren – durch gleichzeitigen Einschuss von Metallionen niedriger Energie zur Deposition und von Edelgasionen höherer Energie zur „Zerstäubung" der Oberfläche (einerseits Materialauftrag, andererseits Materialabtrag).

Wozu dient der Beschuss mit Edelgasionen? Er dient dazu, den Aufbau einer Metallschicht auf den elektrisch isolierenden Substratbereichen ganz zu verhindern. Hier sollen sich also Auftrag von Metall und Abtrag durch die Edelgasionen die Waage halten. Auf den elektrisch leitenden Bereichen dagegen soll der Schichtaufbau gegenüber dem Schichtabbau dominieren. Man erreicht das gewünschte Ergebnis – Metalldeposition selektiv auf Poly-Silizium – durch geeignete Wahl der Energien der beiden Ionenstrahlen.

Eine weitere Möglichkeit, diesen Effekt zu nutzen: Auf modernen Chips werden bei der Herstellung viele Lagen von dünnen Schichten deponiert. Am Schluss resultiert eine Oberfläche, die Stufen, Kanten und Löcher aufweist. Durch das beschriebene Verfahren (Beschuss mit zwei Ionenstrahlen) können auch selektiv Löcher gefüllt werden und eine Planarisierung der Oberfläche erreicht werden – wie bei einer Straße, deren Schlaglöcher aufgefüllt werden! Die Ebenheit der Oberfläche ist extrem wichtig und hilfreich, wenn weitere Schichten auf der Chipoberfläche deponiert werden sollen.

Zuerst eine Lösung finden und dann erst eine Anwendung, die zu der Lösung passt – das kommt auch in der *Mathematik* relativ häufig vor: Es werden Sätze und Algorithmen entdeckt, für die zunächst gar keine praktischen Anwendungen absehbar sind. Immer wieder passiert es jedoch, dass man sehr viel später entdeckt, dass es doch gute Anwendungen gibt. Ein Beispiel ist die Anwendung der Zahlentheorie in der Verschlüsselungstechnik.

3.2 Ein Nachteil ist oft tatsächlich ein Vorteil

Auch hier handelt es sich um das übergeordnete Universalprinzip *Umkehrung*. In Abschnitt 3.1 haben wir schon Beispiele dafür kennen gelernt, wie ein ursprünglicher Misserfolg spontan in ein Erfolgserlebnis umgewandelt werden kann: Die unerfreuliche Überschwemmung in Abschnitt 2.4 führt uns vielleicht auf ein neues Bewässerungssystem! Dieses Prinzip gilt durchaus allgemein, erfordert aber eine neue Geisteshaltung. Diese ist natürlich ungewohnt und muss zunächst eingeübt werden. Einmal eingeübt, eröffnet sie aber völlig neue ungeahnte Möglichkeiten.

Die meisten Männer verlieren im Laufe ihres Lebens immer mehr Haupthaar, neuerdings betrifft es immer häufiger auch relativ junge Männer. Manchmal resultiert eine Glatze. Diese hatte bisher keinen guten Ruf, denn Glatzen sind ein Senioritätssignal, die Betroffenen waren bei uns in Europa bisher meistens ältere Herren. Vor nicht allzu langer Zeit tauchte zudem eine rechtextreme Gruppe auf, die als Kennzeichen eine Glatze hatte – die sogenannten *Skinheads!* Wieder war die Glatze ein Negativ-Symbol. Männer mit Glatze wurden daher mit Vorbehalten betrachtet. Doch dann geschah auf einmal etwas Unglaubliches, völlig Überraschendes. Der Nachteil wurde in einen Vorteil umgemünzt: Die Glatze wurde allgemein Mode – ein positives Symbol! Und nun lassen sich sogar viele junge Männer, die noch gar keine Glatze haben, den Kopf kahlscheren!

Ein weiteres amüsantes Beispiel für Moden, bei denen Negatives in Positives umgemünzt wird, sind schwarze Autos. Eigentlich ist die Farbe Schwarz in Europa die Farbe der Trauer; sie wirkt daher normalerweise eher trist, ja sogar ein wenig langweilig. Beim Auto kommt hinzu, dass ein schwarzes Auto die Sonnenenergie im Sommer besonders stark absorbiert, das Auto heizt sich also besonders stark auf. Der Fahrer ist dann gezwungen, durch die energieaufwendige Klimaanlage gegenzusteuern. Dennoch sind schwarze Autos derzeit Mode. Warum? Nun, die Farbe schwarz hat auch den Charakter der „Vornehmheit"; schwarzes Outfit ist vornehm. Daher tragen Banker gern schwarze Anzüge. Auch Otto Normalverbraucher möchte natürlich gern vornehm wirken.

Wir werden später noch einmal auf das Thema *Mode* zurückkommen, denn es gibt ja nicht nur Kleidermoden, sondern auch Denkmoden. Diese sind ziemlich mächtige Motoren, wenn es uns darum geht, wünschenswerte Entwicklungen schnell in Gang zu setzen. Besonders in einer Demokratie, wo Entscheidungen ziemlich langsam zustande kommen, da sie von mehr als 50 Prozent der Bevölkerung befürwortet und getragen werden müssen. Wenn man ohne Mode auskommen möchte, muss zuvor viel Überzeugungsarbeit geleistet werden …

Wenn es einem gelingt, einen Nachteil in einen Vorteil umzuwandeln, ist das ein echtes Erfolgserlebnis. Manchmal passiert allerdings auch das Umgekehrte: Ein Vorteil wird unerwartet zu einem Nachteil! Als vor einigen Jahren ein schlimmer Skiunfall passierte, in den ein Ministerpräsident verwickelt war, wurde anschließend allgemein der Sturzhelm für Skifahrer propagiert. Tatsächlich tauchten nun immer mehr Skifahrer mit Sturzhelmen auf den Pisten auf. Sie sind damit sicher besser gegen Kopfverletzungen geschützt. Zur allgemeinen Überraschung begann aber gleichzeitig die Fahrdisziplin drastisch abzunehmen: Skiläufer mit Helm fahren nun wie die „Wildsäue"! Der Helm gibt ihnen offenbar ein trügerisches Gefühl der Sicherheit und lässt sie unvorsichtig werden! Kaum zu glauben, aber wahr: Die gute, einen Vorteil versprechende Absicht wurde in einen Nachteil verkehrt.

Betrachten wir weitere Beispiele:

a) Wenn ich einen neuen Klebstoff mit bestimmten neuen Eigenschaften entwickeln möchte, es aber nicht klappt, habe ich vielleicht ein neues Trennmittel – also das Gegenteil – gefunden?

b) Wenn ich mich bei der Abfassung meines Textes auf meinem Personal Computer (PC) dauernd vertippe, was ärgerlich ist, lässt sich daraus vielleicht ein Text-Verschlüsselungssystem machen?? Das Gleiche gilt, wenn die Tinte meines Druckers schneller als gewünscht ausbleicht.

c) Wenn ich über eine kaum sichtbare heimtückische Ministufe stolpere, ist dies vielleicht eine Möglichkeit, einen Einbrecher zu Fall zu bringen oder wenigstens auf ihn aufmerksam zu machen?

Sie sehen: In fast allen Fällen lässt sich eine positive Sichtweise gewinnen, die zur Lösung einer ganz anderen Aufgabe führt, wenn wir nur innerlich bereit sind, die ursprüngliche Aufgabenstellung zu ändern! Das erfordert viel Flexibilität. Das Einüben ist im Übrigen gar nicht so schwierig: Rufen Sie sich einfach in Erinnerung, was heute und vielleicht gestern schiefgelaufen ist. Und dann überlegen Sie, in welchem ganz anderen Zusammenhang, bei welcher ganz anderen Aufgabenstellung, die Misserfolge positive Erfolgserlebnisse werden, also *positiv umgemünzt werden* können. Sie werden staunen: Es ist fast immer möglich – wie uns Charlie Chaplin in seinen Filmen bravourös vor Augen geführt hat.

In der Chiptechnologie auf der Basis von Silizium gibt es ebenfalls schöne Beispiele für das Prinzip *ein Nachteil kann ein Vorteil sein*; drei solcher Prinzipien seien hier erwähnt:

1) Um Transistoren zu erzeugen muss man Silizium mit geringen Mengen von Fremdstoffen (Arsen, Phosphor, Bor) dotieren. Dies geschieht heute üblicherweise durch Ionenimplantation: Der Fremdstoff wird als Ion mit hoher Energie in den Siliziumkristall eingeschossen. Der Vorteil ist, dass dies mit hoher Präzision geschehen kann; der Nachteil, dass die Ionen den Kristall schädigen. Der Kristallschaden muss nachträglich durch Erhitzen ausgeheilt werden. Dieser Nachteil kann aber in bestimmten Fällen auch vorteilhaft genutzt werden, z. B. in der *Silicon-on-Insulator*-Technologie (SOI-Technologie), die schnelleren Transistoren mit geringerer Verlustleistung ermöglicht. Hier wird die Kristallschädigung, die durch Wasserstoffionen Implantation entsteht, genutzt, um die Siliziumscheibe anschließend in zwei Hälften zu zerlegen! *(Abb. 5)*

2) Transistoren, die in der modernen SOI-Technologie hergestellt werden, haben nicht nur Vorteile, sondern auch einen Nachteil: Es sammelt sich unerwünschte elektrische Ladung im Bereich zwischen Source und Drain – im *body* des Transistors – an. Das führt dazu, dass die Schwellspannung des

Transistors nun auf einmal von der Vorgeschichte abhängt *(floating body effect).*

Dieser Effekt lässt sich bei DRAM (Dynamic Random Access Memory) Speicherzellen in einen Vorteil umwandeln: Dort kann man die elektrische Ladung als Information (1 oder 0) nutzen! Der „sperrige" Kondensator, den man bisher zur Informationsspeicherung benutzt hat und dessen Skalierung, d. h. weitere Miniaturisierung, Riesenprobleme bereitete, entfällt damit! Wir gehen in Abschnitt 3.8 noch einmal auf diese Erfindung des *Zero-Capacitor DRAM* ein.

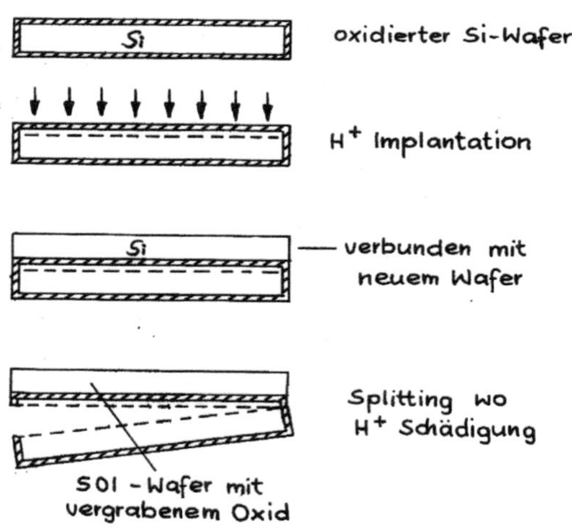

Abb. 5: Silicon on Insulator Technology

3) Magnetplattenspeicher, z. B. Festplatten, wurden ursprünglich hergestellt, indem man eine dünne Kunststoffschicht, die magnetische Mikropartikel enthielt, auf eine Aluminium-Magnesium-Metallscheibe ($AlMg_5$) aufbrachte. Diese dünne Oberflächenschicht war aber nicht hinreichend abriebfest bei der Wechselwirkung mit dem Magnetkopf, der sich in einem Abstand < 1 Mikrometer von der Oberfläche befindet, die sich mit fast 200 km/h an ihm

vorbei bewegt. Man war daher gezwungen, die Harzschicht mit feinen Keramik-Partikeln (Al_2O_3) anzureichern, um sie abriebfest gegenüber dem Magnetkopf zu machen. Im Großen und Ganzen funktionierte das System dann ganz gut. Es kam allerdings vor, dass Al_2O_3 Partikel aus der Oberfläche herausgerissen wurden; dann konnte es zum wohlbekannten Headcrash kommen … Um diesen Nachteil zu beseitigen, haben wir vorgeschlagen, die Al_2O_3 Partikel fest in der Unterlage zu „verankern"! Wie aber sollte das funktionieren? Uns war aus der Chip-Technologie bekannt, dass beim Aufdampfen von Aluminium-Schichten auf einer Siliziumscheibe eine Art *Pocken* auf der sonst glatten Oberfläche auftraten, *Hillocks* genannt. Sie waren unvermeidbar und sehr störend. Besonders dann, wenn weitere dünne Schichten auf dem Wafer aufgebracht werden sollten. Den Nachteil der Bildung von Hillocks in der Chiptechnologie ließ sich hier, bei den Magnetplatten (aus Silizium oder $AlMg_5$ mit Silizium beschichtet), jedoch vorteilhaft nutzen: Oxidierte Al Hillocks eignen sich exzellent, um die Kunststoff-Magnetplatte zu verstärken, d. h. abriebfest zu machen. Sie sind zudem fest in der Unterlage verankert, anders als die zuvor benutzten Al_2O_3 Partikel. Einer von uns hat die Hillockbildung auf Aluminiumfilmen im Detail untersucht: Die Dichte der Hillocks lässt sich über die Dotierung des Siliziumsubstrats mit Bor oder Arsen in weiten Bereichen einstellen und kann damit für die Anwendung bei der Magnetplatte problemlos optimiert werden! Diese Erfindung hätte natürlich ebenso gut unter das Prinzip in Abschnitt 3.8 eingeordnet werden können – *Übertragung von einem Gebiet auf ein anderes.*

Wenn wir eine bestimmte Problemlösung anstreben, lösen wir – bei Anwendung unseres Prinzips *ein Nachteil ist ein Vorteil* zwar nicht dieses Problem, aber ein anderes. Wir verlassen den Weg der Routine (unbedingt das ursprüngliche Problem zu lösen!) und lösen kreativ ein anderes neues Problem. Wir haben eine Denkschablone gesprengt!

Wir müssen einräumen, dass ein Nachteil darin besteht, dass durch diese Verfahrensweise das ursprüngliche Problem nicht gelöst wurde, was manch einen stören mag. Aber vielleicht ist sogar dieser Nachteil ein Vorteil?? Ist die Lösung des ursprünglichen Problems vorrangig, müssen wir andere Prinzipien anwenden. Wir werden gleich weitere Prinzipien kennenlernen.

3.3 Überschreitung von Grenzen – Sprengen von Denkschablonen

Grenzen werden häufiger respektiert als man denkt, selten überschritten. Einer von uns hatte beim Skilanglaufen ein eindrucksvolles Erlebnis: Es war im Frühjahr, die Oberfläche des Schnees war über Nacht auf allen Wiesen gefroren. Er war auf Skate-Skiern unterwegs und probierte, abseits der offiziellen Skatepiste auf der Wiese zu fahren. Und oh Wunder, es ging viel besser als auf der Skatepiste! Die Oberfläche war nämlich glatter als die Skatepiste, aber durch eine dünne Schicht von aufgefirntem Schnee zugleich griffiger! Es waren ideale Verhältnisse zum Skilanglauf im Skateschritt!

Folgten nun auch andere Skiläufer, die den Autor sahen, auf die freie „Wildbahn" – auf die Wiese? Erstaunlich, aber wahr – kein einziger verließ den vorgezeichneten Langlaufbereich! Eigentlich ist es verwunderlich, dass die Neugierde so klein ist, dass Grenzen so selten überschritten werden …

Ein anderes Beispiel ist die Kommunikation der Menschen per Handy oder Smartphone. Diese Technik gibt eine fantastische Möglichkeit, das eigene soziale Netz zu erweitern. Dazu wird es aber eher selten genutzt: Man bleibt vielmehr unter sich, im bekannten engen Kreis. Uns ist ein lustiges Bild aus einer Zeitung in Erinnerung, auf dem ein Japaner in der S-Bahn zwischen zwei hübschen Mädchen sitzt. Die Drei haben keinen Blick füreinander; jeder beschäftigt sich nur mit seinem Handy ... Allerdings haben wir auch schon Kinder beobachtet, die beieinandersaßen und gleichzeitig über das Handy miteinander kommuniziert haben. Doch wie überschreitet man Grenzen, wie sprengt man Denkschablonen?

1) Bekanntlich kann man mit fünf Streichhölzern problemlos zwei Dreiecke legen (siehe *Abb. 6*), aber aus sechs Streichhölzern bereits vier Dreiecke – vorausgesetzt man nutzt die dritte Dimension! Die Lösung ist der dreidimensionale Tetraeder.

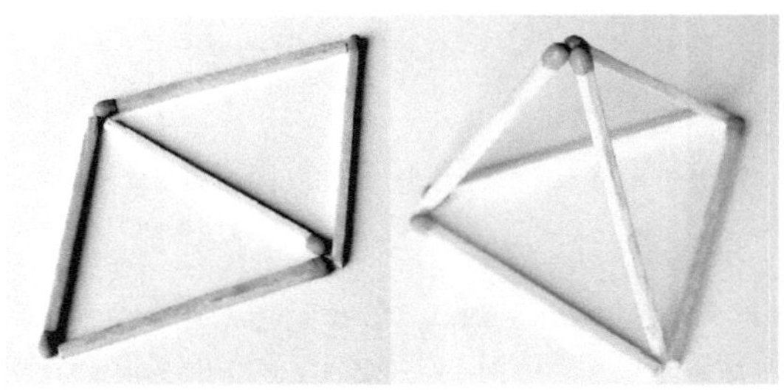

Abb. 6: Zwei Dreiecke aus fünf Streichhölzern (links) und vier Dreiecke – ein Tetraeder – aus nur sechs Streichhölzern (rechts)

Häufig bewegen wir uns in engen Grenzen, die wir uns selbst setzen. Wir denken und leben in Denkschablonen. Manchmal müssen wir uns mit der Grenzsetzung bzw. den Vorurteilen anderer auseinandersetzen. In beiden Fällen ist es schwierig – entweder die eigenen Denkschablonen zu sprengen oder andere davon zu überzeugen, dass ihre Vorbehalte unberechtigt sind.

2) Denkt man daran, dass ein Magnetkopf über einer Magnetplatte im Abstand von weniger als 100 nm fliegt und die Magnetplatte gleichzeitig eine Bewegung von einigen 1000 nm senkrecht zur Flugrichtung macht (Vertikalschlag), muss man sich wundern, dass das gut geht. Dass der Magnetkopf der Magnetplatte folgen kann, unter Beibehaltung einer sehr geringen und konstanten Flughöhe! Dass nicht binnen weniger Minuten ein *Headcrash* auftritt. Wir beide wundern uns noch heute, obwohl einer von uns mehrere Jahre auf diesem Gebiet tätig war! ... Und sicher mussten die Erfinder dieses Systems eigene (vielleicht auch fremde) Grenzen überschreiten, bis sie es wagten, eine Erfindungsmeldung zu schreiben.

3) Die Erfinder des berühmten Rastertunnelmikroskops, das es gestattet, die atomare Struktur von Materialoberflächen abzubilden, die IBM Wissenschaftler Heinrich Rohrer und Gerd Binnig (Nobelpreis für Physik 1986), haben ebenfalls Denkschablonen gesprengt und den Weg für eine umfangreiche Serie weiterer Erfindungen geebnet. Wie konnte das funktionieren, mit einer feinen Nadel eine Materialoberfläche vorsichtig so abzutasten, dass die atomare Struktur sichtbar wurde? Schon die Annäherung der feinen Spitze an die Oberfläche mit einem Piezo-Weggeber hätte schief gehen können. Die Spitze hätte vielleicht in die Oberfläche stoßen und beschädigt werden können. Es gab im Grunde genommen Dutzende Einwände. Jedenfalls haben Heinrich Rohrer und Gerd Binnig ein Ziel erreicht, dass niemand für möglich

gehalten hätte. In Abschnitt 3.10 erfahren wir mehr über dieses Rastertunnelmikroskop.

4) Manchmal werden Denkschablonen und selbst gesetzte Grenzen gesprengt, wenn ein Monopol durch Privatisierung aufgehoben wird, wie es beim Telefon und Handy der Fall war. Plötzlich tauchten eine ganze Reihe von neuen interessanten Anwendungen auf, an die zuvor niemand gedacht hatte: Anzeige der Nummer des Anrufenden oder anonymer Anruf, Freisprechen, Lautstärkeanpassung beim Mikrofon, Lautsprecher und Klingelton, Anklopfen, Dreierkonferenz, Call by call, verschiedene Kosten zu verschiedenen Zeiten, der Angerufene berechnet dem Anrufer Kosten, nicht wie früher der Netzbetreiber oder wie später der Verbindungsprovider …

Beim Smartphone ist es noch eklatanter: Neben SMS, MMS ist durch Einbeziehen der Informationen des ganzen Internets Erstaunliches möglich: Ich schlendere durch eine Straße, und das Smartphone sagt mir, ob hier eine geeignete Wohnung für mich angeboten wird oder das nächste interessante Einkaufszentrum.

5) Wenn in einer Produkt-Fertigung Fehler auftreten, wird man versuchen sie zu beseitigen. Das ist der normale Weg und … eine Denkschablone! Es geht nämlich auch anders! Wenn wir geschickt mit dem Fehler umgehen, können wir vielleicht mit ihm leben – ohne dass er Schaden anrichtet. Und manchmal sogar Vorteile daraus ziehen!

Bei der Chipfertigung z. B. wird das Bild einer Dia-Maske auf einen Lackfilm auf der Chipoberfläche abgebildet. Wo Licht hinfällt, wird der Lack verändert und kann dort anschließend entfernt werden; dort entstehen dann Löcher im Lack. Die Dia-Maske wird also in eine Lackmaske auf dem Chip übergeführt. Sie kann anschließend zur Weiterverarbeitung des Chips verwendet werden, indem z. B. Material aus der Oberfläche entfernt wird, wo sich Löcher im Lack befinden.

Manchmal tritt ein Fehler in der Diamaske eines Chips auf. Eigentlich müsste man sie nun verwerfen. Man kann aber auch mit dem Fehler leben, wenn man folgendermaßen verfährt: statt die Belichtung in einem Schritt zu machen, kann man sie auch in drei Schritte mit jeweils ein Drittel der Lichtenergie (Belichtungszeit) aufteilen. Und immer eine andere gleichartige Diamaske aufbelichten (eine davon die fehlerhafte plus zwei intakte), im *step and repeat* Verfahren. Man verschiebt also z. B. eine Maske mit mehreren Chips einfach nur um jeweils einen Chip. Damit dieses Verfahren funktioniert, der Maskenfehler also nicht auf das Lackbild übertragen wird, ist es erforderlich, dass eine einzige Teilbelichtung noch nicht ausreicht, um den Lack löslich zu machen! Zwei Belichtungen sollten aber sehr wohl dazu ausreichen! Wie man in der *Abb. 7* sieht, funktioniert die Elimination eines Maskenfehlers durch Dreifachbelichtung tatsächlich ausgezeichnet! Ein IBM Kollege hatte es vorgeschlagen.

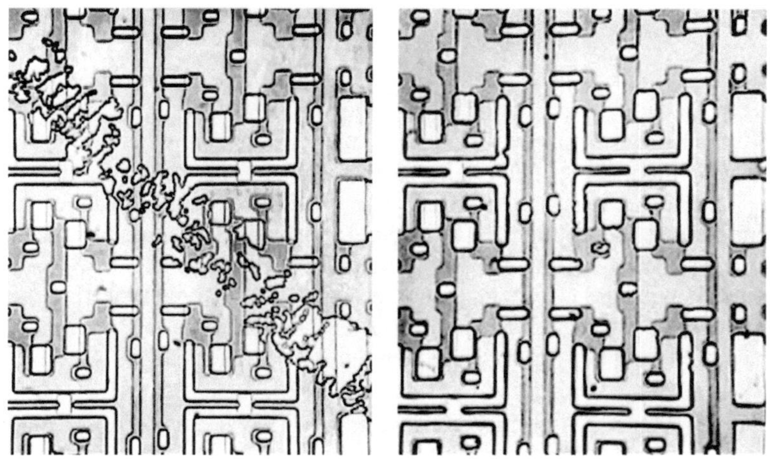

Abb. 7: Elimination eines Maskenfehlers bei der Chipherstellung durch Dreifachbelichtung

3.4 An was erinnert mich das?

Beobachten wir aufmerksam unsere Umgebung, die natürliche oder die technische, können wir immer wieder einmal Dinge entdecken, die uns an etwas anderes erinnern – wir assoziieren Strukturen oder Vorgänge.

So haben wir eines Tages in einem Schwimmbad, das sonnendurchflutet war, eine interessante Lichtflecken-Struktur auf dem Boden des Bassins beobachtet *(siehe Abb. 8)*. Diese erinnerte uns an Oberflächen von Haftschichten, die man zur Verbesserung der Hafteigenschaften aufgerauht oder strukturiert hatte.

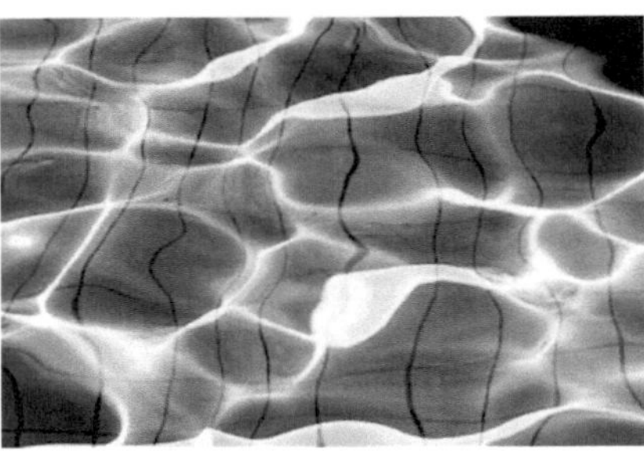

Abb. 8: Sonnendurchflutetes Schwimmbad – Light assisted Etching

Konnte man die beobachtete Struktur vielleicht auf eine Oberfläche übertragen? Tatsächlich gibt es Materialien, die man lichtunterstützt mit einer Säure ätzen (abtragen) kann. Das bedeutet, dass nur dort ein starker Materialabtrag stattfindet, wo Licht hinfällt. Und die Lichtflecken lassen sich erzeugen, indem man die Ätzlösung von oben beleuchtet und gleichzeitig in Schwingungen versetzt, so dass stehende Wellen entstehen und dadurch Lichtflecken ausbilden, die nicht wandern! Das war des Rätsels Lösung: Ein neues Verfahren zur Erzeugung von Haftoberflächen durch lichtunterstütztes Ätzen!

Ein anderes Mal reinigte einer von uns in der Küche einen Topf – mit einer Bürste. Als der grobe Schmutz beseitigt war, griff er automatisch zum harten Schwamm, um den Rest – eine dünne Schicht – zu entfernen. Da ging ihm plötzlich ein Licht auf! Er assoziierte „Zahnreinigung“! Würde sich ein Schwamm nicht auch zur Zahnreinigung eignen? War die bekannte Zahnbürste tatsächlich das ideale Zahnreinigungsgerät? Für feine Beläge war der Zahnschwamm vermutlich überlegen, die bessere Wahl! Die reinigenden Fasern liegen beim Schwamm nämlich parallel zur zu reinigenden Oberfläche, während sie bei der Zahnbürste senkrecht dazu stehen! Wenn Sie es nicht glauben, versuchen Sie einmal, den Belag von schwarzem Tee in einer Tasse einerseits mit einer Bürste, andererseits mit einem harten Schwamm zu reinigen! Sie werden staunen! Oft reicht es, die Augen offen zu halten und zu assoziieren!

Im Winter, wenn Schnee gefallen ist, entstehen oft direkt, manchmal verzögert, eigenwillige überraschende Strukturen – wenn man ein Auge dafür hat und nicht achtlos vorbei geht. Die *Abb. 9* zeigt eine *Schneestruktur auf einem Parkplatz mit Platten und Fugen.* Sie entstand auf einem Parkplatz, der mit Steinen belegt war. Zwischen den Steinen war Gras. Der Schnee hatte also die Grasfugen zwischen den Steinplatten dekoriert, wahrscheinlich auf Grund verschiedener Wärmeleitfähigkeit des Untergrunds. Solche Strukturen kommen häufig bei der Herstellung von Chips vor. Sie werden normalerweise durch einen lithographischen Schritt erzeugt. Hier ist der Vorteil, dass kein lithographischer Schritt nötig ist: Die Struktur der neuen Schicht (Schnee) wird durch die Struktur darunter liegenden Schicht (Grasfuge) induziert!

Abb. 9: Schneestruktur auf einem Parkplatz mit Platten und Fugen

Abb. 10: Schneestruktur auf der Kühlerhaube eines Autos

Die *Abb. 10* zeigt eine Schneestruktur auf der Kühlerhaube eines Autos – die an sich nicht sichtbaren Verstrebungen unterhalb der Kühlerhaube. Sie werden hier durch den Schnee dekoriert und damit plötzlich sichtbar. Da, wo die Verstrebungen laufen, bleibt der Schnee liegen, auf den anderen Flächen verschwindet er, schmilzt er weg. Wiederum dürfte unterschiedliche Wärmeleitung die Ursache sein. Lässt sich dieser Effekt technisch nutzen? Vielleicht ist es eine Anregung für ein Dechiffrierungsverfahren? Unserer Phantasie sei keine Grenze gesetzt!

Ein weiteres Beispiel, bei dem einer von uns „Chiffrier /Dechiffrierverfahren" assoziierte, ergab sich bei einem Besuch der Deutschen Bank: Die Glastüren des Besprechungszimmers, in dem er saß, waren mit einer Folie beklebt, die eine Lochstruktur aufwiesen. Schob man zwei solcher Türen übereinander, ergab sich natürlich der bereits bekannte Moiré-Effekt aus *Abb. 1.* Überraschend aber war, dass eine Überstruktur, die bei der Einzelfolie sichtbar war (regelmäßig angeordnete Bereiche, die keine Löcher enthielten) im Moiré-Bild nicht mehr sichtbar waren (*Abb. 1:* Moiré-Effekt!) Diese Überstruktur konnte man also durch Überlagerung zweier gleicher Folien zum Verschwinden bringen. Ist auch dies vielleicht ein Chiffrier- bzw. Dechiffrierverfahren?

3.5 Be crazy – Lass' exotische Lösungen zu!

Meistens bewegen wir uns in engem Rahmen, fassen bei einer Problemlösung nur naheliegende Lösungen ins Auge. Ideen, die ungewöhnlich, ja vielleicht ein bisschen verrückt sind, kommen uns nicht in den Sinn. Wir haben Hemmungen, befürchten als *crazy* zu gelten, als jemand, den man nicht ernst nehmen kann! Dabei sind ungewöhnliche Lösungen oft besonders erfolgversprechend!

Eines der besten Beispiele ist das Internet-Lexikon Wikipedia: Als Jimmy Wales im Jahr 2000 ein Internet-Lexikon unter dem Namen *Nupedia* startete, wollte er zunächst ganz konventionell Experten einladen, um über ihr Fachgebiet zu schreiben – eine Online-Version eines ganz normalen Expertenlexikons. Das ging jedoch so langsam und schleppend voran, dass der Gründer sich nach einem Jahr zögernd entschloss, die Wiki-Software von Ward Cunningham zu testen. Diese gestattet *allen Benutzern,* beim Schreiben des Lexikons als Autoren mitzuarbeiten, gleichgültig ob sie Experten oder Laien sind, ist also ein echtes *Konversationslexikon*! Das war die Geburt des inzwischen weltberühmten Internet-Lexikons ***Wikipedia.***

Die Idee war ein tatsächlich ein bisschen verrückt: Konnte etwas Vernünftiges dabei herauskommen, wenn alle Benutzer, gewissermaßen demokratisch, Gelegenheit hatten mitzuwirken – ohne Bezahlung und ohne Management? Normalerweise lädt man zum Erstellen eines Lexikons doch nur Experten ein! Wie hatten sich die Skeptiker getäuscht: Die große Überraschung trat wirklich ein – aus Wikipedia ist in nur zehn Jahren das umfangreichste Lexikon auf dem Globus geworden, umfangreicher als die Enzyklopedia Britannica. Und die Qualität kann sich durchaus sehen lassen, wie die Zahl und die Herkunft der Benutzer zeigen! Es gibt im Internet auch ein von Experten geschriebenes Lexikon – *Citizendium* von Larry Sanger, einem ehemaligen Partner von Jimmy Wales. Im Vergleich zu Wikipedia führt es im Web aber nur ein Schattendasein …

Wie kommt die Qualität in Wikipedia zustande? Nun, es kann zwar jeder mitschreiben, aber es kann auch jeder korrigiert werden – von einem, der es besser weiß. So wird das Lexikon im Laufe der Zeit immer weiter verbessert, und es ist schließlich bereits heute, nach zehn Jahren, ein ausgezeichnetes Produkt geworden! Zur Pflege von Wikipedia gibt es Administratoren und Spezialisten, die befugt sind, Nutzer zu sperren, Artikel zu löschen bzw. eine Schiedsrichterfunktion auszuüben.

Es gibt viele Ideen, die auf den ersten Blick völlig verrückt erscheinen und doch – vielleicht das Potential haben, eines Tages realisiert zu werden! Über eine solche ziemlich verrückt anmutende Idee wurde in der Ausgabe des New Scientist No 2792 vom 27.12.2010 berichtet: *Ray Kurzweil*[13] beabsichtigt *unsterblich* zu werden! Ray Kurzweil ist nicht irgendwer, er hat als Informatiker Leistungen aufzuweisen, die überdurchschnittlich sind, und glaubt an die Transformationskraft von Ideen. Im Alter von 35 Jahren erkrankte er an Diabetes 2. Diese Krankheit hat er durch Reprogrammierung seiner Biochemie in Selbsttherapie geheilt – d. h. durch richtige Ernährung, körperliche Betätigung und Nahrungsergänzungen. Reprogrammierung der körpereigenen Biochemie gibt es beim Klonen, ist also möglich, aber nicht ganz einfach durchzuführen. Immerhin könnte es Ray Kurzweil also gelingen, sein Leben zu verlängern. Seine Absichten gehen aber viel weiter – in Richtung Unsterblichkeit: Ray vermutet, das die Künstliche Intelligenz in den nächsten Jahrzehnten so große Fortschritte machen wird, dass sie die menschliche Intelligenz übertreffen wird und dass dann eine „Sicherungskopie“ seines Gehirns erstellt werden kann. Er hofft, dass es sogar möglich sein wird, seine Identität und sein Bewusstsein auf ein künstliches Substrat zu übertragen! Das wäre dann tatsächlich so etwas wie Unsterblichkeit! Zweifellos ist dies ein überraschender kreativer Ansatz. Verrückter und interessanter geht es nicht! Oder doch?

Die Umkehrung (unser Universalprinzip) der Lebensverlängerung ist die Lebensverkürzung, z. B. das selbst gewählte vorzeitige Lebensende. Normalerweise verdrängen Menschen den Gedanken an den Tod. Er ist der absolute Nachteil im Leben, eben sein Ende. Sie sprechen nicht über ihn.

Wenn Ihnen dieser Gedanke zu verrückt ist, wenn sie sich religiös gebunden fühlen, dann überschlagen Sie den Rest von Abschnitt 3.5 und lesen Sie bitte bei Abschnitt 3.6 weiter. Der palästinensische Philosoph *Sari Nusseibeh*[14] hat in einem ZEIT-Interview vom 3.3.2011 gesagt: *Jemand, der sich auf eine religiöse Sicht der Dinge festgelegt hat ... hat seinem Geist Beschränkungen auferlegt, die ihn hindern, neue Ideen zu erkunden. Das möchten wir aber respektieren.*

Wir wissen inzwischen, dass jeder Nachteil auch positive Seiten haben kann, sogar oft in einen Vorteil umgemünzt werden kann, wenn man die Zielsetzung ändert. Wie aber kann der Tod in einen Vorteil umgemünzt werden? Dies klingt total verrückt, ist gewissermaßen der Gipfel der Verrücktheit!

Wenn wir jedoch versuchen, Emotionen bezüglich dieses Themas einmal beiseite zu lassen, dann gelingt es uns vielleicht, rational zu argumentieren: Geht man davon aus, dass der Tod zurzeit für alle Menschen zwangsläufig ist, darf man sich die Frage stellen, welches die beste und würdigste Form des Ablebens ist. Wir entdecken sofort, dass die aktuelle Form des Sterbens in der Regel weder gut erträglich noch würdig ist. Wir sprechen über das Sterben durch einen Krebs, der zurzeit die häufigste Todesursache ist und den meist auch nicht gut zu ertragenden Herztod durch Infarkt von der Spitze verdrängt hat. Die Therapie eines Krebses ist zudem extrem teuer. In der ZEIT vom 20.1.2011 hat *Martina Keller*[15] einen langen Artikel mit dem Titel *der Preis des Lebens* publiziert. Sie fragt provozierend: „Wie viel ist uns die Hoffnung auf ein paar Monate mehr Lebenszeit wert?" Wir sprechen von 4000 Euro im Monat (für das Medikament Afinitor von Novartis) und von einem Leben, das wohl besser durch das Wort „Leiden" beschrieben wird.

Dabei hat die Medizin inzwischen fantastische Fortschritte gemacht und ermöglicht es heute, völlig schmerzfrei und in wenigen Minuten aus dem Leben zu scheiden! Wir wissen das spätestens, seit die Schweizer Vereine *Exit* und *Dignitas* einen würdigen Freitod ermöglichen. Ebenso gewinnt jeder, der in neuerer Zeit eine Vollnarkose erlebt hat, den Eindruck, dass sanftes Sterben wahrscheinlich möglich ist. Einer von uns hat zudem einen Mann, der seine Mutter beim selbstbestimmten Sterben begleitet hat, zu diesem Thema befragt und den Eindruck gewonnen, dass der Freitod absolut würdig war.

Wie kommt es, dass die meisten Menschen dennoch an ihrem Lebensende bereit sind auszuharren, ein im Grunde genommen nicht mehr lebenswertes Leben unter Schmerzen weiterzuleben und schließlich nach einem anstrengenden Todeskampf einen unwürdigen Tod zu sterben??

Es gibt mehrere denkbare Antworten auf diese Frage: Zum einen verbieten die christlichen Kirchen einen Freitod. Der gläubige Christ soll ausharren bis zu seinem „natürlichen“ Ende. Der Staat ist willfährig: Er erschwert einen Freitod außerordentlich, indem er keinen Zugang zu den benötigten Medikamenten (Barbituraten) gewährt und zudem die Beihilfe zum Freitod unter drastische Strafe stellt! Die Bevormundung ist unwürdig: Relativ junge Politiker, die weit weg vom Lebensende sind, entscheiden darüber, wie alte Menschen am Lebensende zu sterben haben! Vorgeschützt wird, dass nach Hitler Euthanasie nie mehr stattfinden darf (obwohl es sich hier um ein ganz anderes Thema handelt) und dass man Missbrauch vorbeugen müsse. Wir wagen eine provozierende Prognose: Man darf sicher sein, dass bei richtigem Umgang mit dem Thema (z. B. Verordnung des Barbiturats durch ein oder zwei Ärzte) weniger Menschen durch Missbrauch zu Schaden, d. h. zu Tode, kämen als im Straßenverkehr …

Zum anderen ist der übermächtige Lebenswille, ja die regelrechte Lebensgier vieler Menschen zu nennen. Sie haben das Thema „Tod“ so gründlich verdrängt, sich mit dem Thema nie auseinandergesetzt, dass sie sich ihren Tod einfach nicht vorstellen können. Sie sind bereit, unter wirklich misslichen Umständen auszuharren und ein völlig eingeschränktes Leben (fast taub, fast blind, allein gelassen und unter Schmerzen) bis zum bitteren Ende auszuleben. Und möchten es natürlich keinem anderen gestatten sich etwa einfach, ohne zu leiden, *davonzustehlen*. Argumentiert man so – rational, dann gewinnt man den Eindruck, dass nicht der Freitod, sondern das Ausharren unter Schmerzen und unwürdigen Umständen ein bisschen verrückt ist …

Zu würdigem Sterben gehört sicher eine neue Sterbekultur: Reimar Spohr* hat uns darauf hingewiesen – dass man ein Fest organisieren könnte, bei dem der Sterbewillige sich von seinen Freunden verabschiedet.

---

* Private Mitteilung

Es gibt eine weitere Umkehrung – getreu unserem inzwischen bekannten Prinzip – die Umkehrung der Unsterblichkeit, die Ray Kurzweil anstrebt. Die Umkehrung heißt natürlich *nicht geboren werden*! Kann dies einen Vorteil darstellen, wo doch die meisten Menschen so gern leben, dass sie sogar ein eingeschränktes Leben dem Tod vorziehen?

Ja, es kann tatsächlich ein Vorteil sein – sogar für viele Menschen – wenn man davon ausgeht, dass wir Menschen nicht in der Lage sind unsere Zahl angemessen zu beschränken, uns in der Fertilität zurückzunehmen, sodass eine nachhaltige Lebensweise *für alle* möglich wird. Wir vermehren uns tatsächlich wie die Kaninchen. Und argumentieren uns buchstäblich „in die Tasche“, dass das nötig sei, um den Generationenvertrag zu erhalten und in der Gesellschaft nicht zu überaltern. Eine nachhaltige Lebensweise bedeutet aber die Erhaltung unserer Lebensgrundlagen und eine Lebensweise, die über lange Zeiten problemlos möglich ist. Sie ist aber unmöglich, wenn wir immer weiter in unserer Zahl wachsen. Insofern kann nicht geboren werden ein Vorteil sein – sowohl für die anderen als auch für den „Betreffenden“ selbst: Ihm wird das Erleben eines „Phasenübergangs“ bzw. eines vielleicht erwartbaren Kollapses erspart bleiben.

3.6 Beobachte die belebte / die unbelebte Natur und die Technik!

Aufmerksames Beobachten und Entdecken von Auffälligem, Überraschendem ist – neben dem Umkehrprinzip – ein zweites Universalprinzip, das von Erfindern – und auch von uns – häufig angewandt wird. Sie erinnern sich an die Beobachtung des Moiré-Musters auf dem Rücken des Radfahrers? Oder an das Moiré-Muster, das man bei fast jeder Autobahnbrücke beobachten kann, wenn man darunter durchfährt? Die meisten nehmen es gar nicht wahr; der Geschulte aber entdeckt auffällige Muster und hat vielleicht sogar eine Idee parat, wo sie sich vorteilhaft verwenden lassen …

Das Kopieren von „Techniken“, die die Natur verwendet, ist inzwischen so bekannt, dass dieses Gebiet einen eigenen Namen erhalten hat: ***Bionik.*** Es reicht vom Klettverschluss über die Leichtbauweise von Blumenstengeln (Röhren), die aber dennoch stabil sind, bis hin zu Hautoberflächen von Fischen, die besonders schnell schwimmen können und Vorbilder für Schiffskörper und die Außenflächen von Flugzeugen sind. Der Erfinder ist hier eigentlich die Natur; sie hat in erster Linie die kreative Leistung erbracht, das Überraschende geschaffen. Der Mensch entdeckt das Überraschende, versteht, wie die Natur es gemacht hat, und überträgt es dann in die Technik. Dieses Verfahren ließe sich also auch gut und gern in die Rubrik *3.8 Übertragung von einem Gebiet auf ein anderes* einordnen. Der Mensch erbringt in erster Linie die intellektuelle Leistung des Verstehens. Wenn es dann um ein Patent geht, müsste die Natur zweifellos als Miterfinder einbezogen werden … Die Erfindungshöhe geht weitgehend auf ihr Konto.

Ein beeindruckendes Beispiel des Kopierens von „Techniken" aus den Vorräten, die die Natur bereithält, ist das Phänomen des Laufens auf einer senkrechten glatten Fläche, ja sogar des Laufens über Kopf an einer Zimmerdecke, wie es uns beispielsweise die gewöhnliche Stubenfliege vormacht. Als besondere Spezialisten auf diesem Gebiet treten hier die Mauergeckos hervor, deren Superhaftung, verursacht durch besondere Füße, in neuerer Zeit das Interesse einiger Forschergruppen geweckt haben. Etwa 30 Jahre lang vermuteten sie, dass die Kapillarwirkung von Wasser für die Haftung der Geckos verantwortlich ist, was sich jedoch als Irrtum herausgestellt hat.

Die perfekte Superhaftung (Adhäsion) wird durch die Milliarden feinster Härchen (Setae) verursacht, die an den Fußenden sitzen. Die Härchen haben Abmessungen von circa 200 nm in der Länge und im Durchmesser. Diese feinsten Härchen vergrößern in ihrer Summe die Fußfläche um ein Vielfaches, sodass die Wechselwirkung (Van der Waals-Kräfte) zwischen den Molekülen der Lauffläche und der Füße immens ansteigt. Ein an einer senkrechten, glatten Wand sitzender Tokee (einer der größten Geckos) kann theoretisch das Gewicht von zwei mittelgroßen Menschen tragen.[16]

Mit diesem Wissen entwickelten die Forscher einen ersten Prototyp für einen haftstarken „Gecko-Klebstoff". Mit den Technologievorräten der Nanotechnologie bauten sie künstliche Fußhärchen nach. Zahlreiche Anwendungen scheinen für diesen „Gecko-Klebstoff" möglich, beginnend in der Vakuumtechnik bis hin zum „Kleben" im Weltraum. Auch für Roboter, die senkrechte Wände hochklettern sollen, wurden durch Mark Cutkosky an der Stanford Universität in Kalifornien Gecko-Füße nachgeahmt, siehe *New Scientist No 2801 (2011)*[17]. Die Härchen bilden hier Kohlenstoff-Nanotubes. Diese Roboter können tatsächlich an senkrechten Wänden hoch klettern, sofern die Oberflächen glatt und trocken sind, bekommen aber Probleme bei rauen, feuchten und salzigen Oberflächen!

Dort sind andere Roboter im Vorteil, die sich an Insekten orientieren – *Insectbots* genannt. Insekten scheiden eine klebrige Flüssigkeit an ihren Füßen aus, wenn sie klettern, sodass eine Flüssigkeitsbrücke zwischen den Füßen und der Oberfläche entsteht. *Minghe Li*, ein Wissenschaftler an der Tongji-Universität in Shanghai, China, versucht dies nachzuahmen, indem er einen Roboter entwickelt hat, der eine wässrige Honiglösung an den Füßen ausscheidet! *Minghe Li* hat auch entdeckt, dass Insekten Rillen in ihren Füßen haben, die die Haftung an der Oberfläche deutlich verbessern. Sie lassen sich beim Roboter imitieren. *Minghe Li* vermutet, dass die Rillen zusätzlich dazu beitragen, dass die Oberfläche durch die Honiglösung gleichmäßiger benetzt wird. Wir haben etwas Ähnliches beim Superslider für Magnetplatten beobachtet: Dort erwiesen sich flache Taschen (Einstülpungen) in der Oberfläche des Sliders als vorteilhaft. Wir vermuteten, dass dadurch u.a. die Benetzung durch den Schmierstoff verbessert war (siehe Abschnitt 3.9).

Interessant sind auch zwei neue Anwendungen, die von der Natur inspiriert wurden: Erstens der *bionische Handlingassistent* aus dem Bereich der Robotertechnik. Für dessen Entwicklung, nach dem Vorbild des Elefantenrüssels, wurden drei Mitarbeiter der Firma FESTO mit dem Deutschen Zukunftspreis 2010 ausgezeichnet. Er ahmt die Nachgiebigkeit und Biegeelastizität des Elefantenrüssels nach und gestattet, dass Mensch und Roboter gefahrlos miteinander interagieren. Der *bionische Handlingassistent* dürfte damit auch für ältere pflegebedüftige Menschen eine große Hilfe sein.

Zweitens aus dem Bereich der Medizin die Moskito-Injektionsnadel, *New Scientist No 2804 (2011)*[18]. Sie ahmt das Stechen des Moskitoinsekts mit einer mehrfachen Nadel nach und ist nachahmenswert, da das fast schmerzfrei verläuft. Das Überraschende ist, dass die stechende Nadel in Wirklichkeit aus drei Nadeln besteht: zwei äußere, gezackt wie eine Harpune, und eine innere Hohlnadel, die ähnlich einer Injektionsnadel ist. Diese Nadeln vibrieren mit einer Frequenz von etwa 15 Hertz, was das schmerzfreie Eindringen in die Haut erleichtert. Die japanischen Erfinder haben dieses Werkzeug zunächst in Silizium und inzwischen auch in einem Polymer nachgebildet. Es wird für Diabetiker, die täglich Injektionen erhalten müssen, sehr hilfreich sein!

Einer von uns beobachtete neulich, wie sich Blätter von Bäumen im Wind bewegen. Erinnern Sie sich an den Satz „Zittern wie Espenlaub“? Es waren Espen. Das Erstaunliche ist, dass sich die Espenblätter schon bei ganz geringem Luftzug bewegen; sie schwingen hin und her. Und er fragte sich, ob man diese Zitter-Energie nicht vielleicht nutzen könnte? Um Strom zu erzeugen. Als er nachrechnete, wieviel elektrische Energie man vielleicht gewinnen könnte, kam er auf etwa 200 Watt pro m^2 Querschnittsfläche des Baumes. Das ist mehr als bei Photovoltaik-Panels! Bei einer Gesamtquerschnittsfläche des Baumes von 15 m^2 sind das immerhin 3 kW! Die technischen Blätter eines solchen Systems könnte man gleichzeitig mit einer Photovoltaik-Oberfläche versehen. Dann ließe sich zusätzlich das Sonnenlicht nutzen! Das System hätte zudem den Vorteil einer lokalen Energieerzeugung und Versorgung, die keinen Transport mehr benötigt! Wir überlassen es Ihnen diese Idee weiterzuspinnen …

Die moderne Molekularbiologie dürfte in Zukunft für weitere Anregungen sorgen. Die Erforschung der Gene fördert zurzeit Prinzipien zutage, die sich sicher auf vielfältige Weise auf die Technik (Mikro- und Makrotechniken) übertragen lassen.

Sind alle unsere menschlichen Techniken von der Natur, in der viele 100 Millionen Jahre andauernden biologischen Evolution, schon vorweggenommen? Sodass wir sie nur *abzukupfern* brauchen? Offenbar nicht: Die Natur hat z. B. keinen Ottomotor erfunden. Aber vielleicht liegt es nur daran, dass die menschlichen Techniken meistens einen so hohen Energiebedarf haben, dass er nicht von der Sonne gedeckt werden kann. Die Biosphäre muss aber mit der Energie der Sonne auskommen! (Die immerhin 1,4 kW/m^2 einstrahlt, bei senkrechtem ungehindertem Einfall). Vielleicht sollten wir Menschen es ebenfalls versuchen mit der Energie der Sonne auszukommen.

Kommen wir nun zur Beobachtung der unbelebten Natur …

Erinnern wir uns an das Skilanglaufen im Skateschritt auf den Wiesen – nachdem die Oberflächenschicht des Schnees über Nacht hartgefroren war? Nicht an allen Tagen ging das Skilanglaufen problemlos: Manchmal war es in der vorhergehenden Nacht nicht kalt genug gewesen. Dann brach man als Skiläufer ein, wenn die Schneedecke unter der oberflächlichen Kruste relativ dick war – hingegen konnte man auf Bereichen mit einer dünnen Schneedecke unter der Kruste auch dann noch problemlos Ski fahren! Mit anderen Worten, die Schneeschicht unter der gefrorenen Schneedecke durfte nicht zu dick sein. Das war eine interessante Beobachtung, die sich vielleicht technisch verwerten lässt? Tatsächlich ging die Beobachtung noch weiter: Wenn die Schneedecke unter intensiver Sonneneinstrahlung dünn wird, ändert sie ihre Oberflächenstruktur, sie wird wellig, wie in *Abb. 11: Wellige Schneeoberfläche einer dünnen Schneedecke* gezeigt, dagegen behält eine gefrorene Schneedecke über einer dicken Schneeschicht unter gleichen Bedingungen ihre glatte Oberfläche bei – eine wichtige Information für den Skiläufer, die für einen Bergsteiger im Winter vielleicht sogar lebenserhaltend sein kann ...

Abb. 11: Wellige Schneeoberfläche bei einer dünnen Schneedecke

Einer von uns machte beim Skilanglaufen eine andere interessante Beobachtung: Es hatte tagelang in den Alpen geregnet, dann war es plötzlich sehr kalt geworden, und auf einen vereisten Boden war anschließend noch ein wenig Neuschnee gefallen. Beim Langlaufen spürte man das Eis unter der dünnen Schneeschicht. Die Situation war hier also genau umgekehrt wie oben: Eine Eisdecke unten, ein wenig Pulverschnee oben. Es ließ sich auch darauf gut und schnell langlaufen. Aber nach einiger Zeit wurden die Stockspitzen des Autors stumpf und rutschten weg, wenn er zu viel Schub gab: Es hatten sich Eisklümpchen an den Stockspitzen gebildet. Mit anderen Worten, es war eine Art „Sollbruchstelle“ bzw. „Sollrutschstelle“ entstanden!
Zunächst erschien das ärgerlich, dann erinnerte sich der Autor jedoch daran, dass er einige Tage zuvor Schulterschmerzen bekommen hatte, als er mit zu viel Schub „attackiert“ hatte! Nun aber war er geschützt: Er konnte nicht mehr mit zu viel Kraftaufwand Ski fahren! ... Der „Nachteil“ war eigentlich zu seinem Vorteil.

Die Schneeverhältnisse (Eisdecke unten, Pulverschnee darüber) waren übrigens eine interessante Kombination, die vielleicht eine Anregung für die Schmierung von Magnetplatten der alten Generation hätte sein können: Die glatten braunen Magnetplatten, die IBM lange Zeit produzierte, waren mit einem Harz beschichtet, in dem kleine magnetische Eisenoxid-Partikel (Fe_2O_3) verteilt waren, die die braune Farbe hervorriefen. Damit im Betrieb keine *Headcrashes* auftraten, mussten die Platten zuvor mit einem Öl geschmiert werden! Die gleichmäßige Benetzung der gesamten Plattenoberfläche war nicht leicht zu erreichen. Vielleicht wäre ein Pulverschmierstoff (etwa Fullerene = Buckyballs?) eine bessere Alternative gewesen? Ein Experte könnte einwenden, dass Pulver im Betrieb vielleicht abgeschleudert würde. Dieser Einwand steht jedoch auf schwachen Füßen: Uns ist aus anderen Untersuchungen bekannt, dass kleine Partikel sehr stark an Oberflächen haften; ein Abschleudern ist selten möglich.

Aufmerksames Beobachten der Umwelt, Wahrnehmen interessanter ungewöhnlicher Strukturen und Vorgänge gibt oft wertvolle Anregungen und neue Ideen – vorausgesetzt, man geht mit offenen Augen durch die Welt.

Einer von uns machte einmal eine interessante, total überraschende Beobachtung auf der Toilette: Er hatte den mit weißen Platten gefliesten Boden mit dunklen Fugen einige Zeit starr betrachtet, ohne die Augen von der Stelle zu rühren. Als er schließlich seine Augen von der Stelle wegbewegte, sah er ein Muster mit hellen Fugen, heller sogar als die weißen Fliesen, d. h. eine Kontrastumkehr! *(Abb. 12: Kontrastumkehr beim Auge*) Kaum zu glauben! Die Erklärung ist jedoch nicht schwierig: An den dunklen Stellen (Fugen) hatte die Netzhaut des Auges Zeit auszuruhen und reagierte nun besonders sensibel: An den hellen Stellen (Fließen) war sie ein wenig ermüdet und nun weniger sensibel. Lässt sich vielleicht daraus ein Testverfahren für die Ermüdung eines technischen Displays ableiten? ... Sehr beeindruckende Beispiele für optische Täuschungen findet man im Internet[19].

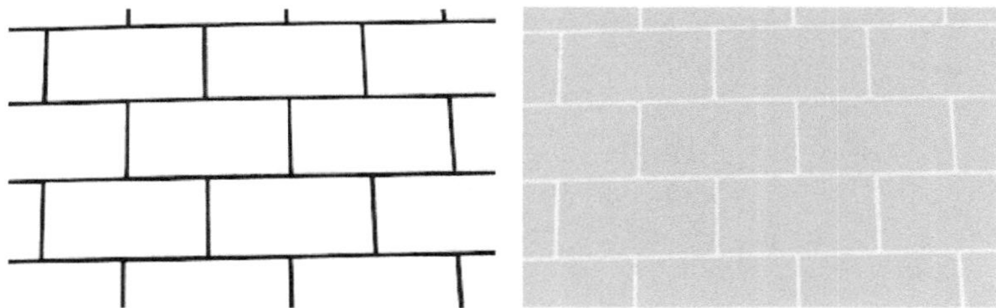

Abb. 12: Überraschende Kontrastumkehr beim Auge

Auch aus dem Wechselspiel des Lichts der Sonne mit Luft und Wasser und festen Körpern, der Ausbreitung von Wellen auf einem See, des Wachstums von Eiskristallen auf einer Schneeoberfläche oder auf einem Draht (!) lassen sich interessante Anregungen für technische Prozesse gewinnen.

Eine Bemerkung sei eingeschoben: Es ist befriedigend, wenn man Erstaunliches erklären kann. Seien Sie jedoch nicht betrübt, wenn Sie nicht alles verstehen; die Erfindungshöhe wird dadurch nicht geschmälert. Sie wird ja von einem überraschenden Aha-Effekt sogar begünstigt, den man nicht einfach durch Nachdenken finden kann!

Wenn Sie einen Menschen fragen, ob er den Hysterese-Effekt kennt, wird er Sie wohl in den meisten Fällen nur ganz erstaunt anschauen. Dabei kann man diesen Effekt fast täglich in vertrauter Umgebung wahrnehmen – wenn man aufmerksam ist! Und nun wird es interessant: Dieser Effekt wird bei allen Magnetplatten/Festplatten genutzt, um Information zu speichern! Er ist dort *das Grundprinzip* der Informationsspeicherung!

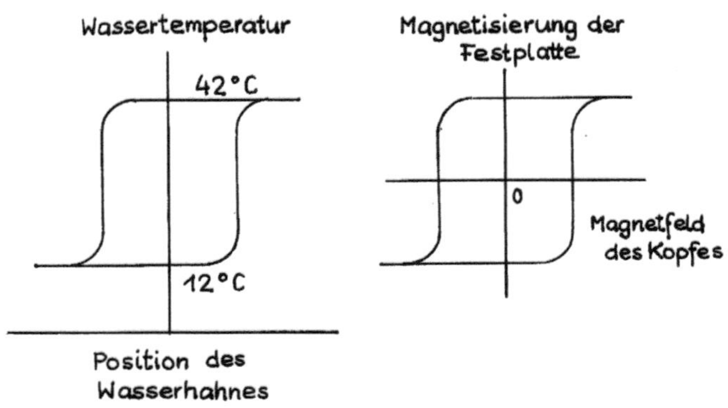

Abb. 13: Hysterese beim Wassserhahn einer Dusche und beim Magnetic Recording

Wovon reden wir? Wenn Sie duschen wollen, betätigen Sie den Wasserhahn einer Mischbatterie. Es kann z. B. so sein, dass Sie den Durchfluss durch vertikale Auf- oder Ab-Bewegung des Hahnes steuern, die Wassertemperatur dagegen durch eine horizontale Links- bzw. Rechtsbewegung. Wir alle haben es schon erlebt (und uns darüber geärgert!), dass die Temperatursteuerung nicht optimal funktionierte: Schwenkte man den Hahn von links nach rechts, um die Temperatur zu erhöhen, passierte zunächst gar nicht, bis schließlich die Temperatur plötzlich nach oben schnellte und wir uns fast verbrühten! Kam man dagegen von einer hohen Temperatur und wollte sie durch einen Linksschwenk des Hahnes etwas erniedrigen, passierte zunächst wieder nichts – bis man ganz plötzlich eine kalte Dusche bekam … Mit anderen Worten: die Wassertemperatur war keine eindeutige Funktion der Stellung des Hahnes. Diesen Effekt nennt man Hysterese (griechisch: hinterherhinken, zurückbleiben). Siehe die *Abb. 13.*

Ein cleverer Duschfreund hätte an dieser Stelle vielleicht die magnetische Festplatte erfinden können! Warum? Weil es Hysterese auch bei der Magnetisierung von (hartmagnetischen) metallischen Schichten gibt. Hier ist der beim Duschen nachteilige Effekt aber von Vorteil: Wenn man die Festplatte durch einen Magnetkopf lokal magnetisiert, wünscht man ja, dass diese Magnetisierung erhalten bleibt, wenn man den Magnetkopf weiterbewegt (und damit das magnetisierende Feld verschwindet). Ähnlich wie beim Duschen die Wassertemperatur keine eindeutige Funktion der Stellung des Hahnes ist, ist hier die Magnetisierung der Magnetplatte keine eindeutige Funktion des äußeren Magnetfeldes des Magnetkopfes! Um sie wieder auf Null zu bringen, muss man die Richtung des Magnetfeldes des Magnetkopfes sogar umkehren! Eines ist uns sicher deutlich geworden: Aufmerksames Beobachten ist eine extrem wichtige Anregung unserer Phantasie! Let's use it!

Ein letztes Beispiel für Anregungen durch aufmerksames Beobachten: Einer von uns hat einmal vor 15 Jahren beim Bergwandern eine sehr interessante Beobachtung gemacht: Nach längerem Aufstieg zu einem Bergsee war er ins Schwitzen gekommen und wollte nun seine Füße in diesem Bergsee kühlen. Er zog daher seine Schuhe aus und die Socken – es waren zwei Sockenpaare.

Da machte er eine überraschende Entdeckung: Die inneren Socken waren trocken, die äußeren dagegen schweißgetränkt! Inspiriert durch diese Beobachtung hätte man in diesem Augenblick Funktionstextilien erfinden können – die es jedoch zu dieser Zeit schon gab.

3.7 Play around bzw. kleine Experimente sind Fragen an die Natur

Wissenschaftler machen häufig Experimente und beobachten aufmerksam, was dabei herauskommt. Eigentlich warten sie regelrecht darauf, dass etwas Ungeahntes, Erstaunliches dabei passiert. Dann haben sie vielleicht eine Entdeckung gemacht? Eine Entdeckung war z. B. als man bemerkte, dass Kohlenstoffatome sich in der Form eines Fußballs (genauer: abgestumpftes Ikosaeder aus 12 Fünfecken und 20 Sechsecken) anordnen können. Das wurde im Jahr 1983 bzw. 1985 zufällig beobachtet, und dafür gab es im Jahr 1996 den Nobelpreis für Chemie.

Ebenso ist die Beobachtung, dass sich unter bestimmten Umständen der elektrische Widerstand von Materialien in einem Magnetfeld sich überraschend stark ändern kann (giant magneto resistance – GMR) eine Entdeckung. Sie wurde 1988 gleichzeitig von dem Franzosen Albert Fert und dem Deutschen Peter Grünberg gemacht und führte 2007 zum Nobelpreis in Physik. Diese Entdeckung hatte unmittelbar eine Erfindung zur Folge: Peter Grünberg meldete sofort ein Patent für einen Sensor für die Magnetfelder der Bits auf einer Festplatte an. Die Erfindung ermöglichte es, kleinere Magnetfelder, d. h. kleinere Bits, zu detektieren und damit Festplatten mit größerer Speicherkapazität herzustellen. IBM brachte bereits 1997 ein Produkt auf den Markt, das diesen Sensor benutzte. Heute dürfte er in allen Festplatten vorzufinden sein. Wir wissen es bereits: Der Unterschied zwischen Entdeckung und Erfindung ist, dass das Entdeckte von der Natur *„erfunden"* wurde, die Erfindung jedoch vom Menschen stammt.

Erstaunlicherweise haben selbst kleine, spielerisch anmutende Experimente oft weitreichende Wirkung. Die Nobelpreisträger in Physik des Jahres 2010, Andre Geim und Konstantin Novolosev, haben dies eindrucksvoll demonstriert. Die *ZEIT*[20] schrieb in ihrer Ausgabe Nr.41 vom 7.10.2010: *Ein Küchenexperiment bringt zwei Physikern mit Spieltrieb den Nobelpreis!* Was war geschehen? Den beiden war es gelungen, durch ein überraschend einfaches Verfahren ein neues Wundermaterial für die Nanoelektronik herzustellen – Graphene! Dieses Material leitet Strom und Wärme besser als Kupfer und ... ist nur eine Atomlage, d. h. nur einen Nanometer, dick – ein echtes Material der Nanotechnologie! Seine Existenz war bekannt – das Problem war seine Herstellung. Mehrere Wissenschaftler hatten sich bereits erfolglos daran versucht, auch Geim und Novolosov. Bis die beiden auf die *„naheliegende"* Idee kamen, einen TESAstreifen auf einen Graphitblock zu kleben und ihn dann einfach abzuziehen! Was hängen blieb, war eine monoatomare Schicht

Graphene! ... Ganz so einfach war es dann doch nicht; aber im Prinzip war es schon so. Zum Wundermaterial Graphene: Graphit – das wir alle kennen (die Mine in jedem Bleistift) – hat ein atomares Gitter aus Schichten von Kohlenstoff, die gegeneinander abgleiten können. Deshalb schmiert Graphit, ist leicht verformbar. Graphene ist eine einzelne solcher Schichten, aber überraschenderweise mit völlig neuen Eigenschaften, die nicht mehr an Graphit erinnern. Das kommt uns durchaus bekannt vor: Auch ein Diamant ist aus Kohlenstoff, hat aber völlig andere Eigenschaften als Graphit – schmiert nicht wie ein Bleistift, sondern ist hart, sogar extrem hart, und hat ein anderes Kristallgitter ... In der Ausgabe des New Scientist vom 5.5.2012, No.2863, ist ein siebenseitiger Artikel von Andre Geim und Antonio C. Neto über Graphene.

Wie groß die Bedeutung des neuen Materials ist, können wir an folgendem abschätzen: Die Informationsrevolution der letzten 50 Jahre, die uns den PC, das Internet und das Smartphone beschert hat, wurde insbesondere durch die Entwicklung des Mikrochips vorangetrieben. Die Botschaft der Entwicklung lautete: Kleiner ist schneller und zugleich billiger! Für Eingeweihte ist dies mit dem Namen Moore'sches Gesetz verknüpft – das eigentlich eine Prognose ist: Alle zwei Jahre verdoppelt sich die Zahl der Transistoren auf einem Chip! Das bedeutet, dass sich die Zahl der Transistoren in 40 Jahren um den Faktor 1000000 vergrößert hat. Diese rasante Entwicklung ist bisher tatsächlich ungefähr so verlaufen wie vorhergesagt.

Sie wird vermutlich noch weiter andauern, stößt aber auf immer größere Probleme, z. B. in der Lithographie, die die kleinen Nano-Strukturen erzeugt. Hier werden wir von LASERlicht der Wellenlänge 193 nm (um Strukturen von etwa 50 nm zu erzeugen) innerhalb der nächsten 15 Jahre zu LASERlicht der Wellenlänge 13,5 nm (um Strukturen von nur 8 nm Größe zu erzeugen) übergehen müssen. Das bedeutet aber die Verwendung von Spiegeln an Stelle von Linsen, da diese für Licht dieser Wellenlänge nicht mehr durchlässig sind – also völlig neue Geräte. Um neue kleinere und schnellere Transistoren herzustellen, kommt uns Graphene sehr gelegen: Graphene ermöglicht einen weiteren drastischen Miniaturisierungsschritt. IBM hat bereits 2008 einen Graphenetransistor in der Entwicklung vorgestellt! Am Beispiel von Graphene zeigt sich also, dass ein anhaltendes Entwicklungstempo in der Nanoelektronik, die die Mikroelektronik abgelöst hat, aufrechterhalten werden kann! Der entscheidende Unterschied zwischen Mikroelektronik und Nanoelektronik besteht übrigens darin, dass man dort gewünschte feine Strukturen aus größeren herstellt, z. B. durch teilweises Entfernen (Schnitzeffekt), hier aber die gewünschten Strukturen aus noch feineren aufbaut, z.B aus einzelnen Atomen (Hausbau aus Backsteinen). Siehe auch den Abschnitt 3.11 über den Mikroprozessor.

Für einen Transistor ist die hohe Ladungsträgerbeweglichkeit in Graphene wichtig (80-mal größer als in Silizium), um schnelle Verbindungen zwischen den Transistoren zu ermöglichen, außerdem dass es hohe Stromdichten zulässt (1000-mal höher als in Kupfer!). Darin unterscheidet es sich auch von den „heißen" Supraleitern, die zwar den Vorteil eines verschwindenden elektrischen Widerstands haben, aber keine sehr hohe elektrische Stromdichte zulassen. Der supraleitende Zustand bricht bereits bei relativ niedrigen Stromdichten zusammen. Die „heißen" Supraleiter haben deshalb auch die hohen in sie gesetzten Erwartungen bisher nicht ganz erfüllen können. Da die vorteilhaften Eigenschaften von Graphene zudem noch mit einer extrem hohen Wärmeleitfähigkeit gekoppelt sind (12,5-mal höher als bei Kupfer!), ist es wirklich ein Wundermaterial für die Nanoelektronik und dürfte dazu beitragen, dass die Informationsrevolution weitergehen kann! Vorausgesetzt, wir lernen, mit Graphene umzugehen und es in Massenfertigung herzustellen. In der folgenden Tabelle haben wir wichtige und herausragende Eigenschaften von Graphene zusammengestellt:

	Graphene	Kupfer	Silizium
Trägerbeweglichkeit (cm^2/V sec)	40000		500
Spez. Elektr. Widerstand (Mikro-Ohm cm)	1,05	5,0	
Thermische Leitfähigkeit (W/m K)	5000	400	
Strom-Toleranz (A/cm^2)	10^9	10^6	

Zurück zum Spieltrieb: Wie groß die Freude des Nobelpreisträgers Andre Geim am Spielen ist, zeigt ein anderer Nobelpreis – der satirische Nobelpreis Ig-Nobel (Ig = ignobel = unwürdig), den er 1997 für ein lustiges Experiment erhielt: Er ließ einen Frosch in einem extrem starken Magnetfeld (15 Tesla) schweben! Kollegen hatten dies erst für einen Aprilscherz gehalten ... Albert Geim im Originalton: *»Wenn man keinen Sinn für Humor hat, ist man in der Regel auch kein guter Wissenschaftler«.*

Lassen Sie uns also festhalten: Spielereien und kleine Experimente sind offenbar kreative Akte und helfen der Kreativität auf die Sprünge!

Natürlich sind auch wir selbst durch Spielen und Experimentieren auf neue Ideen gebracht worden: Wir entdeckten eines Tages in einem Spielwarengeschäft Plastikkügelchen von etwa 2 cm Durchmesser, in die kleine Stabmagnete eingelagert waren. Und kauften 30 Kügelchen, um zu studieren, welche Konfigurationen sich damit verwirklichen ließen – vielleicht Modelle für Kristallgitter?

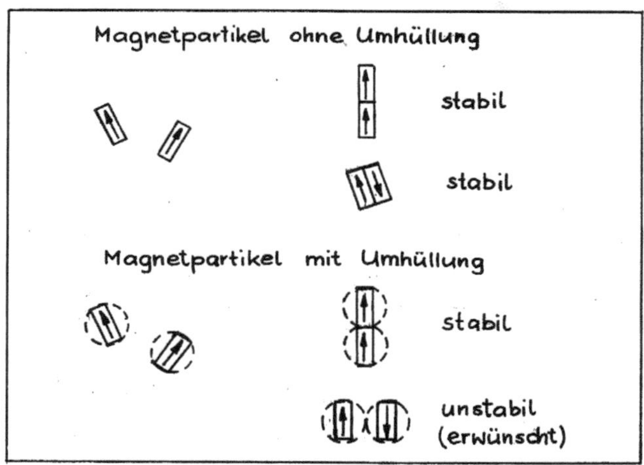

Abb. 14: Stabile Konfigurationen von Stabmagneten mit und ohne Umhüllung

Stabmagnete haben zwei stabile Anordnungen (siehe *Abb. 14: Stabile Konfigurationen von Stabmagneten mit und ohne Umhüllung):* 1) die Kette, 2) die antiparallele Stellung. Südpol und Nordpol ziehen sich an, gleiche Pole stoßen sich ab. Wir entdeckten sehr schnell, dass es bei den durch Plastikhohlkügelchen umhüllten Stabmagneten erstaunlicherweise nur noch eine einzige stabile Anordnung gab – die Kette!

Die antiparallele Stellung war nicht mehr stabil; sie kippte sofort in die Kette um. Der Grund dafür war, dass die Stabmagnete durch die Plastikumhüllung auf Distanz gebracht waren.

Zu dieser Zeit befasste sich einer von uns mit Magnetplatten zur Speicherung von Daten (Festplatten). Deren magnetische Schicht bestand aus einem Harz, in das viele kleine Mikro-Stabmagnete von einem Mikrometer Länge eingebettet waren. (Heute sind diese Harzschichten durch metallische Schichten ersetzt). Die kleinen Stabmagnete mussten zu Anfang des Fertigungsprozesses gleichmäßig im Harz verteilt werden und nach Aufbringen des Harzes mit den Mikro-Magneten auf einer kreisrunden Platte in einem Magnetfeld ausgerichtet werden. Dieses Ausrichten der Mikromagnete wurde aber behindert, wenn sie sich zuvor in antiparalleler Stellung angeordnet hatten, da diese Anordnung einen magnetischen Kurzschluss darstellt. Mit anderen Worten: Es war wünschenswert, die antiparallele Stellung der Mikromagnete zu vermeiden!

Wir begriffen spontan, dass die plastikumhüllten Stabmagnete ihnen einen Weg gewiesen hatten, wie sich die antiparallele Stellung der Magnete vermeiden ließ – durch Umhüllung! Und schlugen deshalb vor, die kleinen Mikromagnete für die Magnetplatten vor der Verteilung im Harz durch ein nicht-magnetisches Material zu umhüllen!

3.8 Übertragung von einem Gebiet auf ein anderes

Man könnte beim vorangehenden Beispiel der umhüllten Magnete auch behaupten, dass es eine Übertragung einer Makrostruktur (die Spielzeugkugeln) auf eine Mikrostruktur sei (die Mikro-Magnete in der Magnetplatte). Damit sind wir bei einem weiteren Prinzip angelangt, das uns helfen kann, unsere Kreativität zu beflügeln: Die Übertragung von Strukturen, Materialien und Funktionen von einem Gebiet auf ein völlig anderes, in dem diese Strukturen, Materialien und Funktionen bisher noch nicht angewendet wurden, in dem sie absolut neu sind. Ein schönes Beispiel hierfür ist der Schwammkondensator für Speicherchips, bei dem wir Miterfinder waren. Dessen Geschichte ist tatsächlich sehr interessant und lehrreich.

Die wichtigen Elemente in einer einzelnen Speicherzelle auf einem Chip eines PC Hauptspeichers sind ein Transistor und ein Kondensator. Von einer Chipgeneration zur nächsten wächst die Zahl der Speicherzellen pro Chip um den Faktor 4, alle drei bis vier Jahre. Sie erinnern sich: Das entspricht dem Moore'sches Gesetz, das eigentlich nur eine Prognose ist. Man kann den Faktor 4 durch Vergrößerung der Chipfläche oder durch Verkleinerung der einzelnen Speicherzelle erreichen. Kleiner bedeutet nämlich schneller und kostengünstiger. Da die Chipfläche aber nur langsam wachsen kann (sonst würde die Ausfallrate durch Defekte zu groß werden) muss die Speicherzelle deutlich verkleinert werden. Und zwar um den Faktor 2,8. Das betrifft den Transistor und den Kondensator in der Speicherzelle.

Das Hauptproblem bei dieser Miniaturisierung stellt tatsächlich der relativ große Kondensator dar: Die Kapazität des Kondensators sollte möglichst nicht zu stark verkleinert werden, damit das günstige Signal/ Rausch-Verhältnis erhalten bleibt – oder anders ausgedrückt, damit man die *Botschaft* aus dem Rauschen noch heraushören kann. Es gibt wenige *„Drehknöpfe"*, an denen man drehen kann. Letztlich läuft diese Forderung darauf hinaus, dass die Fläche des Kondensators erhalten bleibt, aber seine auf dem Chip benötigte Fläche um den Faktor 2,8 reduziert wird – eine extrem schwierig erfüllbare Forderung. (Eine Alternative wäre ein Isolator mit höherer Dielektrizitätskonstante. Das bedeutet aber die Einführung einer neuen Technologie mit all ihren Anlaufproblemen. Außerdem gibt man das gut erforschte SiO_2 nur ungern auf. Inzwischen ist man allerdings gezwungen dazu).

Ursprünglich lag die Kondensatorfläche parallel zur Chipoberfläche und nahm viel Platz in Anspruch. Erste Versuche, die gleiche Kondensatorfläche auf kleinerer Zelloberfläche unterzubringen, bestanden darin, die zusammenhängende Kondensatorfläche, gefaltet wie ein Handtuch, in mehreren Lagen übereinander anzuordnen. Der nächste kreative Schritt bestand darin, die dritte Dimension, d. h. die bisher nicht genutzte Tiefe des Silizium-Kristalls, auszunutzen. Alle diese Maßnahmen waren jedoch mit größeren Problemen bei der Fertigung verbunden; sie führten zu aufwendigeren Fertigungsschritten.

Unser Vorschlag bestand nun darin, die riesige innere Oberfläche eines Schwammes zu nutzen, um einen Kondensator mit sehr viel kleinerem Flächenbedarf auf der Chipoberfläche bzw. Raumbedarf im Si-Kristall herzustellen! Der Bedarf des benötigten Siliziums war beim Schwamm um einen Faktor 100 kleiner als beim Vorgänger, dem Trench-Kondensator! Siehe *Abb. 15: Schwamm-Kondensator für DRAMs (Dynamic Random Access Memory).* Dies bedeutete eine Einsatzmöglichkeit in mindestens vier zukünftigen Chipgenerationen. Es waren fantastische Aussichten! Tatsächlich waren Schwammstrukturen in Silizium zu dieser Zeit bereits in einem ganz anderen Zusammenhang bekannt – als *porous silicon*. Gab es einen Haken?

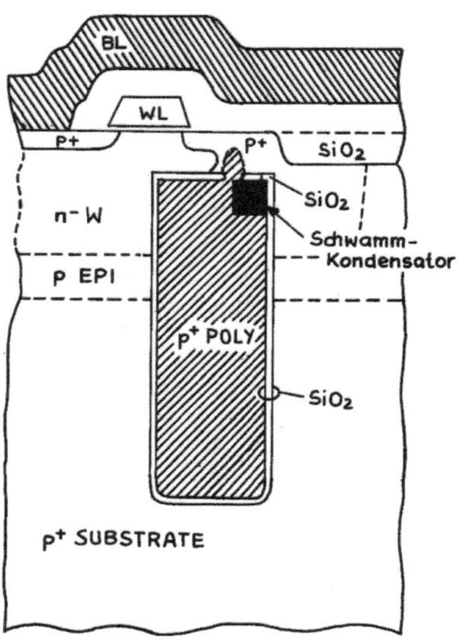

Abb. 15: Schwamm-Kondensator für DRAMs

Ja; das Schicksal der Erfindung war regelrecht tragisch: Die neue Anwendung des *porous silicon* als Kondensatorschwamm war nicht erprobt, und die Erfinder hatten auch keine Möglichkeit, den Schwamm selbst zu erproben. Zunächst konnten sie daher die hauseigenen IBM-Patentanwälte nicht davon überzeugen, dass die Erfindungsidee auch funktionieren würde! So vergingen mehrere Jahre, bis die Patentanwälte schließlich doch überzeugt werden konnten, dass die Idee realisierbar sein sollte, und sie endlich eine Patentanmeldung vornahmen … Um festzustellen, dass drei Monate vorher eine Erfindergruppe in USA die gleiche Erfindung angemeldet hatte!! Wir waren zu spät gekommen! ...

Wünscht man ein Schutzrecht anzumelden – um für einige Zeit die eigene Idee wirtschaftlich *„konkurrenzfrei"* auswerten zu können – empfiehlt es sich, nicht allzu zögerlich zu sein mit einer Anmeldung. Ideen liegen oft gewissermaßen *in der Luft* ... Manchmal kommen sie allerdings auch zu früh – wie das beim LASER der Fall war. Die Zeit muss einfach reif sein!

Wir sind hier auf ein weiteres interessantes Prinzip gestoßen, Kreativität freizusetzen: die Widerlegung der Vorurteile von Patentanwälten oder Experten (siehe Abschnitt 3.10, in das dieses Beispiel also auch eingeordnet werden könnte). Eine solche Widerlegung ist meist nicht leicht – wie wir an unserem Beispiel gesehen haben – aber sie ist wichtig. Die Widerlegung gelingt am besten, wenn man mit Versuchsergebnissen aufwarten kann. Die der moderne Erfinder, der nicht mehr bastelt, sondern Ideen produziert, aber meist nicht hat. Gelingt die Widerlegung, so begründet bzw. steigert sie nämlich die Erfindungshöhe, die ein wichtiger Parameter bei der Patenterteilung ist.

Die Story mit dem Speicherkondensator bei DRAMs ist aber noch nicht zu Ende: In den neunziger Jahren wurden bei IBM und in anderen Firmen neue Device-Strukturen entwickelt – z. B. in der *Silicon-on-Insulator-Technik (SOI-Technik)*. Der Transistor ist hier durch eine elektrisch isolierende Schicht – meist aus Siliziumoxid (SiO_2) – unterlegt. Solche Transistoren haben Vorteile: Sie sind schneller, da die parasitären Kapazitäten kleiner sind, und sie haben weniger elektrische Verlustleistung. Letzteres ist für Anwendungen mit Batterie, wie Handies, ein wichtiger Vorteil. Aber sie haben auch Nachteile: Zwischen Source und Drain des Transistors sammeln sich elektrische Ladungen an, die durch die SiO_2-Schicht nicht abfließen können. Sie beeinflussen die Schwellspannung des Transistors in unerwünschter Weise: Diese hängt nun von der Vorgeschichte ab! Der Effekt wird *Floating Body Effect* genannt. Wir haben ihn bereits in Abschnitt 3.2 eingeführt.

Im Jahre 2001 kam ein findiger Wissenschaftler, Pierre Fazan, Lausanne, auf die Idee, dass man diesen *Nachteil in einen Vorteil umwandeln* könne (deshalb auch Cinderella-Effekt genannt): Die elektrische Ladung im Transistor sollte danach als die logische Information („1“ oder „0“) genutzt werden, und der schwierig miniaturisierbare Kondensator würde dann völlig überflüssig! Eine fantastische Idee: Die Ein-Transistor-Speicherzelle war geboren! Eigentlich gehört dieses Beispiel in den Abschnitt 3.2 (Ein Nachteil kann ein Vorteil sein). Wir besprechen es jedoch hier, da es sich zwanglos an die Darstellung des Schwammkondensators anschließt.

Es hat noch einige Jahre gedauert, bis eine funktionierende Zelle entwickelt war. Für Interessierte: Sie verwendet den Emitter-Strom des parasitären bipolaren n/p/n Transistors aus Source/Body/Drain des MOSFET (Metall-Oxid-Silizium-Feld-Effekt-Transistor) zur Einspeisung der Ladung und prüft auch den Ladungszustand durch den Emitterstrom. Heute ist die Technologie des Z-RAM (Zero Capacitor RAM) vom Erfinder an die beiden großen

DRAM-Hersteller Hynex und Micron-Technology lizensiert, wartet allerdings noch auf ihren Einsatz in der Massenfertigung von DRAMs.

3.9 Spüre Aha-Effekte auf – Unverstandenes / Verwunderliches!

Das Aufspüren von Überraschendem führt häufig zu technischen Verbesserungen und Erfindungen:

1) So wurde in der Magnetplattenfertigung der Firma IBM ein eigenartiges Phänomen beobachtet: Bei Start/Stop-Tests zeigte sich, dass die beim Test benutzten Magnetköpfe bei dieser speziellen Anwendung im Laufe der Zeit immer besser wurden!

Man muss dazu wissen, dass im Normalbetrieb des Systems Magnetkopf/Magnetplatte der Magnetkopf zunächst auf der Magnetplatte aufliegt – ruht, beim Anfahren des Systems (wenn es in Rotation versetzt wird) dann aber wie ein Flugkörper abhebt. Im Betrieb bleibt die Magnetplatte dauerhaft in Rotation und der Magnetkopf dauerhaft im Flug – möglichst ohne die Platte zu berühren. Die Anfahrphase, in der der Magnetkopf vor seinem Abheben noch auf der Platte aufliegt, d. h. kurzzeitig auf ihr schleift, ist kritisch. Es kann Abrieb entstehen, der später im Betrieb vielleicht einen Headcrash verursacht. Deshalb testet man diese Phase in mehreren tausend Start/Stop-Vorgängen.

Warum wurden die Magnetköpfe bei diesen Start/Stop-Tests besser, d. h. bei Wiederverwendung eines gebrauchten Kopfs mehr Start/Stop Zyklen erreicht? Mikroskopische Untersuchungen ergaben, dass die Oberfläche des Kopfes, die mit der Platte in Kontakt gewesen war, sich verändert hatte. Das Material des Kopfes ist eine Verbundkeramik aus zwei Komponenten, die körnig durchmischt sind. Die Komponente 1 war beim Schleifen stärker abgetragen worden als die Komponente 2, so dass flache „Taschen" (Einstülpungen) entstanden waren. Die Ingenieure vermuteten, dass diese Taschen als Speicher für den flüssigen Schmierstoff fungierten, mit dem die Platte immer beschichtet wurde! Genau wussten sie es allerdings nicht – *(Abb. 16).*

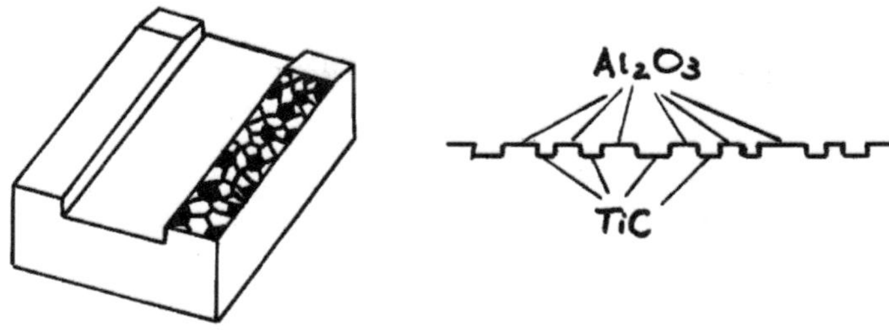

Abb. 16: Strukturierte Kufen eines Magnetkopfes nach Schleifen auf der Magnetplatt

Die durch Schleifen beim Start/Stop-Test entstandene Oberflächenstruktur ließ sich jedenfalls in einem Trockenätzprozess in einem geeigneten Gas reproduzieren. Es entstand ein verbesserter Magnetkopf, der den Namen „Superslider" erhielt und patentiert wurde!

2) Taucher fürchten erhöhte Stickstoffpegel im Blut. Tauchen sie zu schnell aus großer Wassertiefe auf, kann ihnen der Stickstoff aus der Atemluft als Mikroblasen im Blut (Gasembolie!) gefährlich werden – sogar lebensgefährlich. Vor einigen Jahrzehnten schon wurde zufällig beobachtet, dass sehr kleine Gasblasen im Blut (Mikroblasen von 1 – 10 Mikrometer Durchmesser) erstaunlicherweise jedoch vorteilhaft sein können: Sie erhöhen nämlich den Kontrast bei Ultraschalluntersuchungen!

Inzwischen hat man festgestellt, dass Ultraschall Mikroblasen im Blut zum Oszillieren bringt und überraschenderweise die Aufnahme von Medikamenten im Körper fördert. Der genaue Mechanismus ist nicht bekannt, aber der Effekt ist gesichert. Neueste Untersuchungen zeigen, dass sogar Blutgerinsel aufgelöst werden können! Damit ergibt sich die Möglichkeit eines Einsatzes bei der Behandlung von Schlaganfällen. Besonders überraschend ist aber, dass durch oszillierende Mikroblasen die Durchlässigkeit der Hirn-Blutschranke reversibel erhöht werden kann! Das bedeutet, dass man damit Medikamente ins Gehirn einschleusen kann! Fantastisch.

Auf dem IEEE International Ultrasonics Symposium in San Diego (11. – 14.10.2010) wurde über den erfolgreichen *gentechnischen* Einsatz von Mikroblasen berichtet: Mikroblasen, die magnetische Nanopartikel enthielten (um sie anschließend durch ein Magnetfeld an die gewünschte Stelle im Körper zu ziehen) wurden gleichzeitig mit einer Lösung, die ein Gen für Biolumineszenz enthielt, bei Mäusen injiziert. Tatsächlich beobachtete man nach einiger Zeit Biolumineszenz in dem Lungenflügel, in den die Mikroblasen dirigiert worden waren! Siehe auch *New Scientist No 2786 (2010)*[21].

Summa summarum: Aufmerksames Beobachten der Umwelt, das Wahrnehmen von Verwunderlichem, das unverstanden ist, birgt immer große Chancen für kreative Durchbrüche, Erfindungen und interessante neue Anwendungen!

3) Ein Beispiel aus unserer Erfahrung: Wir haben einmal die optischen und elektrischen Eigenschaften dünner aufgedampfter Metallschichten untersucht. Für optisch löschbare PROMs (Programmierbare Read Only Memories) in Mikroprozessoren werden dünne Metallfilme mit hoher elektrischer Leitfähigkeit und hoher optischer Transparenz im UV-Bereich benötigt. Das Problem bei der Herstellung ist, dass man einen Kompromiss schließen muss: Sind die Filme extrem dünn, haben sie eine gute optische Transparenz, aber eine geringe elektrische Leitfähigkeit; sind sie dagegen dicker, ist es genau umgekehrt.

Üblicherweise werden Metallfilme bei relativ hoher Substrattemperatur (> 150 °C) und relativ niedriger Aufdampfrate (< 0.5 nm/sec) aufgedampft, damit die Filme auf der Unterlage gut haften. Reduziert man aber die Substrattemperatur, so verringert sich die elektrische Leitfähigkeit.

Überraschenderweise ergab sich bei den eigenen Untersuchungen, dass sowohl die optische Transparenz im UV-Bereich als auch die elektrische Leitfähigkeit von Goldfilmen drastisch vergrößert werden konnte (Faktor 10!) durch eine Erniedrigung der Substrattemperatur auf 20 °C, wenn gleichzeitig die Aufdampfrate auf ca. 1.5 nm/sec erhöht wurde! Bei diesen Bedingungen war zudem die Haftung der Filme auf der Unterlage noch ausreichend gut. Wir vermuteten, dass durch die Kombination von niedriger Substrattemperatur und hoher Aufdampfrate eine Tröpfchenbildung des aufgebrachten Metalls auf dem Substrat vermieden wurde und Filme gleichmäßiger Dicke entstanden.

Die Erfindungshöhe hält sich in diesem Fall in Grenzen, auch wenn das Ergebnis überraschend war. Denn man durfte natürlich davon ausgehen, dass sich die Filmeigenschaften durch Variation der Herstellbedingungen optimieren lassen. Aber der Effekt war so groß und die Anwendung so wichtig, so dass IBM dennoch ein Patent anmeldete und erhielt!
4) Eine Überraschung während seiner Tätigkeit in der Firma Kalle (später Hoechst AG) in Wiesbaden erlebte auch der Chemiker Oskar Süss, der sich Anfang der 40er Jahre des vorigen Jahrhunderts mit den chemischen Eigenschaften von Diazoverbindungen beschäftigte. Die Kenntnisse darüber hatten Bedeutung für die sich damals in der Entwicklung befindlichen Blaupausen (Diazotypie). Es wird erzählt, dass Oskar Süss bei der Reinigung seiner verwendeten Glasgefäße feststellte, dass sich die chemischen Verunreinigungen an den Innenwänden der Gefäße leichter entfernen ließen, wenn sie vorher Licht ausgesetzt waren. Dieser überraschende Befund bildete die Grundlage zur Entwicklung der Fotolacke, die bis heute zur Herstellung mikroelektronischer Bauteile dienen.

3.10 Widerlege Vorurteile von Experten – Unmögliches ist möglich!

In Abschnitt 3.8 haben wir Ihnen bereits ein eigenes Beispiel für dieses Prinzip vorgestellt – den Kondensatorschwamm für DRAMs! Das Widerlegen der Vorurteile der IBM Patentanwälte hatte in diesem Fall allerdings zu lange Zeit in Anspruch genommen; die Patentanmeldung erfolgte zu spät ...

Ein wunderschönes Beispiel für das Prinzip *Unmöglich Erscheinendes ist dennoch möglich!* ist auch die Erfindung von Gerd Binnig und Heiner Rohrer aus dem berühmten IBM Forschungslabor in Rüschlikon bei Zürich: das bereits in Abschnitt 3.1 und in Abschnitt 3.3 vorgestellte Tunnelmikroskop. Sie entsinnen sich – die beiden haben für diese Erfindung nicht nur ein Patent, sondern später, 1986, sogar den Nobelpreis für Physik bekommen!

Das Prinzip des Tunnelmikroskops ist relativ einfach: Man tastet mit einer feinen spitzen Nadel eine Materialoberfläche ab, deren Topografie man untersuchen möchte, indem man die Nadel über diese Oberfläche bewegt... Die Tücke liegt im Detail: Das ehrgeizige Ziel war, einzelne Atome auf der Materialoberfläche sichtbar zu machen!
Dazu musste man zum einen eine extrem feine Nadel herstellen, zum anderen durfte man sie nicht über die Materialoberfläche schleifen. Das hätte die Nadelspitze zerstört und die Oberfläche zerkratzt. Tatsächlich stellte sich

später überraschenderweise heraus, dass eine Spitze, die in die Oberfläche *gerammt* und dann zurückgezogen wurde, sogar besser war als vorher! Wie konnte man die Nadel in einem sehr kleinen Abstand kontrolliert über die zu untersuchende Oberfläche bewegen?? Zunächst legt man eine elektrische Spannung zwischen Nadel und Materialoberfläche an und nähert dann die Nadel vorsichtig – über einen piezoelektrischen Vorschub – der Oberfläche. Ist die Nadel genügend nahe der Oberfläche – ohne sie aber zu berühren –, beginnt plötzlich elektrischer Strom zwischen Nadel und Oberfläche zu fließen, der schnell anwächst, wenn die Nadel sich der Oberfläche weiter nähert. Da der kleine Spalt zwischen Nadel und Oberfläche durch diesen Strom überbrückt wird, spricht man von Tunnelstrom.

Das Verfahren des Abtastens der Oberfläche mit der Nadel besteht nun darin, den Abstand der Nadel von der Oberfläche bei der Bewegung über diese konstant zu halten – und zwar indem man den Tunnelstrom konstant hält! Kommt die Oberfläche der Nadel näher – z. B. an einer Stufe – steigt der Tunnelstrom an. Dann wird die Nadel zurückgefahren, sodass der Tunnelstrom auf den ursprünglichen Wert sinkt – entsprechend dem ursprünglichen Abstand der Nadel von der Oberfläche. Dies geschieht über den piezoelektrischen Vorschub. Die Bewegung der Nadel zeichnet damit die Oberflächentopografie exakt nach! Als die ersten Versuchsergebnisse herauskamen, gab es wirklich Grund zum Jubeln: Einzelne Atome und ihre Anordnung waren sichtbar geworden! *(Abb. 17: Silizium-Atome an der Oberfläche eines Chips, sichtbar gemacht durch das Tunnelmikroskop)*[22].

Warum musste ein Vorurteil der Experten widerlegt werden? Nun, kein Experte hatte geglaubt, dass die Nadel durch den piezoelektrischen Vorschub mit ausreichender Präzision bewegt werden könnte. Es sollten nämlich atomare Stufen von einer Höhe von nur 10^{-8} cm gemessen werden! Das Ergebnis war also ein schieres Wunder. Heute werden solche Mikroskope, in zum Teil stark abgewandelter Form, überall in der Welt mit großem Erfolg eingesetzt.

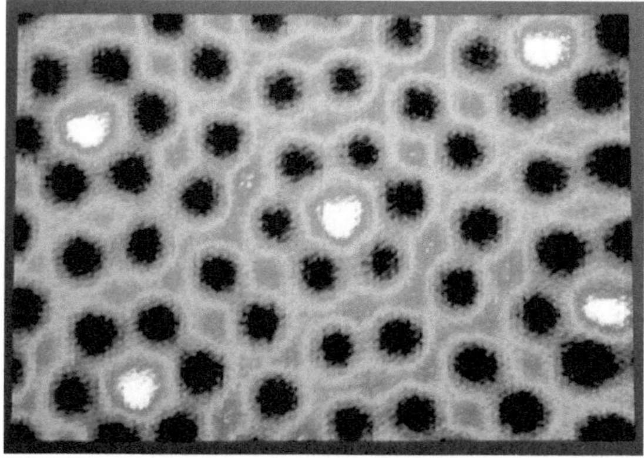

Abb. 17: Si-Atome an der Oberfläche eines Chips, sichtbar gemacht durch das Tunnelmikroskop

Auch bei der Herstellung des ersten Rubin-LASERS durch Theodore Maimann mussten Vorurteile der Experten widerlegt werden. Diese hatten Rubinkristalle nämlich für ungeeignete Kandidaten gehalten, um einen LASER herzustellen! Maimann belehrte sie eines Besseren: Er stellt mit relativ einfachen Mitteln einen LASER aus einem Rubinkristall her, der mit Chrom-Ionen dotiert war und sichtbares rotes Licht emittierte!

Der Japaner *Charles K. Kao*[23] gilt als Erfinder der Glasfaser für die Übertragung von Licht und damit von Information. Seine Publikation „Dielectric-fibre surface waveguides for optical frequencies“ erschien 1966 und war der Geburtstag der Kommunikation durch die optische Faser. Charles K. Kao hat damit das Internet und den Mobilfunk möglich gemacht. 2009 erhielt er, gemeinsam mit Boyle und Smith, den Nobelpreis in Physik für seine Arbeiten auf diesem Gebiet. (Boyle und Smith erhielten ihre Auszeichnung für etwas anderes – CCD-Chips (Charged Coupled Devices), die heute als Sensoren für Licht in jeder Digitalkamera sind.

Das Problem bei der Glasfaser war, dass ihre Lichtabsorption ursprünglich viel zu groß war, um als Übertragungsmedium in Frage zu kommen, so dass die Experten sie für ein ungeeignetes Medium hielten. Die Lichttransparenz von Glasfasern betrug nur 1% bei einer Länge der Faser von einigen Metern! Sie konnte jedoch durch Beseitigung von Verunreinigungen im Glas und durch eine gleichförmigere Struktur des Glases drastisch erhöht werden.

Charles K. Kao sagt in seiner *Nobel Lecture*[24]: *When will the optical fiber become obsolete? I cannot think of anything that can replace fiber optics! But, don't believe what I say; because I didn't believe what experts said neither!*

Den Firmen Schott und Corning gelang um 1970 der Durchbruch – die Fertigung von hochtransparenten Glasfasern mit einer Licht-Schwächung von wenigen Dezibel (dB) pro km. Später wurden Lichtverstärker in die Glasfaser integriert, zum einen durch Dotierung mit Erbium, zum anderen durch den Faser-Laser. Somit wurde Kommunikation über Tausende von Kilometern durch die Glasfaser möglich!

Wie sieht der Stand der Technik heute aus? Auf der Optical Fiber Conference in Los Angeles, 6. – 10.3.2011, wurden von NEC und dem National Institute of Information and Communications Technology, Tokyo, berichtet, dass Übertragungsraten von über 100 Terabits pro sec durch Einzelfasern erreicht worden seien! Diese wurden einerseits über den gleichzeitigen Einsatz von 370 parallel geschalteten Lasern erreicht, andererseits über sieben *light guiding cores* der Faser. Diese Übertragungsraten entsprechen der Übertragung von drei Monaten HD-Video in einer Sekunde oder dem mehr als zehnfachen Datenverkehr zwischen Washington und New York! ...

Man beabsichtigt, alle Sendemasten für den Mobilfunk in Zukunft über Glasfaserkabel zu versorgen. Damit steht einem stabilen und schnellen Internet auf dem Smartphone nichts mehr im Wege!

Es gibt allerdings auch Gegenbeispiele für Vorurteile von Experten, wo die Hoffnungen der Experten *zu groß* waren, dass bahnbrechende Ideen bald realisiert werden könnten. Das war der Fall bei der Stickstoffdüngung von Pflanzen. Einige Pflanzen, wie Erbsen und Bohnen, leben in Symbiose mit einem Bakterium, Rhizobia, das Stickstoff aus der Luft zu binden in der Lage ist und an die Pflanze weitergibt. Diese Pflanzen benötigen keine künstliche Düngung. Vor zwanzig Jahren hoffte man, dass sich der Genkomplex dieses Bakteriums, der für die Stickstoffbindung verantwortlich ist, in die Chromosomen der Pflanze implantieren ließe. Dann könnte sie ihr Düngemittel selbst herstellen. Dies erwies sich jedoch als zu schwierig; die hoch gesteckte Hoffnung erfüllte sich nicht.

In neuester Zeit gibt es aber Entdeckungen, die diese Hoffnungen wieder wecken, dass nämlich das Ziel, ein Getreide zu verwirklichen, das keinen künstlichen Dünger (mit seinen ökologischen Problemen, wie Grundwasserbelastung) benötigt, doch noch erreicht werden kann: Das chemische Signal-Netzwerk, welches Getreide benutzt, um mit Pilzen zu kommunizieren, ist nämlich den chemischen Signalen, die Erbsen und Bohnen benutzen, um mit Rhizobia zu kommunizieren, überraschend ähnlich, *Fabienne Maillet, Nature 469 (2011)*[25] und *New Scientist No 2811 (2011)*[26]. Vielleicht lässt sich das Signal-Netzwerk so verändern, dass auch Getreide symbiotische Partnerschaften mit Rhizobia oder einem anderen Stickstoff bindenden Bakterium eingeht! Das wäre ein entscheidender Durchbruch, der die Chance, eine wachsende Weltbevölkerung zu ernähren, deutlich verbessern würde.

3.11 Entdecke Synergien: (A + B) > A + B

Wir kennen alle die Vorstellung, dass eine Fusion von zwei Firmen das gemeinsame Geschäftsergebnis verbessern kann, d. h. das Ergebnis des fusionierten Unternehmens ist dann größer als die Summe der Ergebnisse der Einzelunternehmen. Einsparungen resultieren z. B. aus der gemeinsamen Nutzung von Ressourcen: Zwei Autofirmen lassen den gleichen Motor einbauen oder kaufen verbilligt ein, da die Bestellmengen jetzt größer sind. Das Geschäftsergebnis *kann* besser sein … Aber nicht immer materialisieren sich die Hoffnungen. Beispiele für beide Möglichkeiten sind bekannt geworden.

Auch bei neuen Ideen kann eine Fusion mehr bringen als die Summe der einzelnen Ideen. Zunächst möchten wir Ihnen ein einfaches eigenes Beispiel vorstellen. Silizium-Chips werden dotiert, d. h. mit einer sehr geringen Menge eines Fremdstoffes angereichert, um Transistorstrukturen zu erzeugen. Aktuell wird der Fremdstoff, z. B. Arsen, als elektrisch geladenes Ion mit hoher Energie in den Siliziumkristall regelrecht eingeschossen. Dieser Vorgang heißt Ionenimplantation, und die Energie der Ionen bestimmt, wie tief sie in den Kristall eindringen. Oder besser gesagt, so sollte es sein; manchmal dringen sie nämlich verschieden tief ein, z. B. teilweise tiefer als erwünscht. Dies wird durch freie Kanäle im Silizium-Einkristall verursacht, die im Kristallgitter in bestimmten Richtungen vorliegen, z. B. in der kristallografischen (110)-Richtung. Dagegen liegt eine dichtere Packung der Atome in der kristallografischen (100)-Richtung vor, siehe *Abb. 18*. Dieser Effekt wird *Channeling* genannt und ist nicht einfach zu kontrollieren. Man könnte Channeling vermeiden durch Einschuss von Molekülionen anstelle von Atomionen, die beim Auftreffen auf die Siliziumoberfläche aufbrechen, wobei die Bruchstücke dann in verschiedene Richtungen auseinanderfliegen.

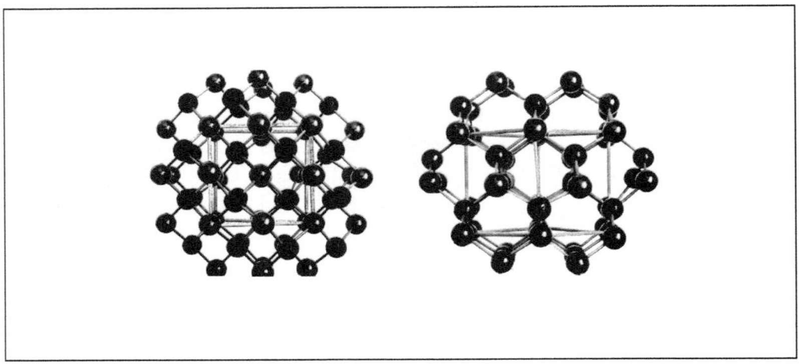

Abb. 18: Freie Kanäle im Si-Kristall in (110)-Richtung, rechts, relativ dichte Packung in (100)-Richtung, links

Leider stehen jedoch selten Molekülionen in ausreichender Menge zur Verfügung ... Andererseits kann man Ionen aus einer großen Zahl von Atomen (20 oder 45 oder 60 etc.), sogenannte Ion-Cluster, in den Siliziumkristall einschießen – um ihn lokal zu beschichten oder um die Oberfläche des Kristalls zu stören. An der Oberfläche teilt sich nämlich die Gesamtenergie des Cluster-Ion auf die einzelnen eingeschossenen Atome/Ionen auf.

Wir haben nun vorgeschlagen, beide Implantationen gleichzeitig durchzuführen: z. B. eine Arsen-Implantaion, um den Kristall zu dotieren, und zusätzlich eine Clusterionen-Implantation z. B. aus Silizium, um den Kristall an der Oberfläche zu stören. Dann resultiert aus dem Zusammenwirken beider Implantationen etwas Neues: Die Richtung der einfallenden Arsenionen wird an der Silizium-Oberfläche aufgespalten, und der unerwünschte Channeling-Effekt verschwindet! Anschließend kann der Kristall durch Erhitzen ausgeheilt werden.

Manchmal bringt eine Fusion zweier oder weiterer Ideen nicht nur mehr als die Summe der einzelnen Ideen, sondern sogar etwas total Neues. Im Folgenden werden vier Einzelerfindungen vorgestellt, die im perfekten Zusammenwirken die moderne leistungsfähige Kommunikationstechnik ermöglicht haben: der *LASER*, die *Glasfaser*, der *CCD-Chip* und der *Mikroprozessor.*

Der ***LASER*** ist eine geniale Erfindung (1960) – wahrscheinlich die genialste des 20. Jahrhunderts – eine neue Lichtquelle mit einzigartigen Eigenschaften. Wir sind bereits in Abschnitt 3.1 näher auf den LASER eingegangen.

Die ***Glasfaser*** wurde nach langen Vorarbeiten des Japaners Kao um das Jahr 1970 interessant zur Informationsübertragung, als es erstmals gelang, hochtransparentes Glas, frei von Verunreinigungen, herzustellen (siehe auch Abschnitt 3.10). Kao erhielt dafür 2009 den Nobelpreis in Physik, gemeinsam mit den Amerikanern Boyle und Smith. Diese hatten die Umwandlung des Lichtes von Bildern in elektrische Signale durch ***CCD-Chips*** „im Eilschritt" erfunden. Es war quasi eine „Erfindung auf Bestellung"!

Der ***Mikroprozessor*** schließlich vollendet das Quartett der Erfindungen, die – alle mit Nobelpreisen bedacht – heute in perfektem Zusammenwirken die moderne Kommunikationstechnik ermöglichen!

Die CCDs sind auf den Sensorchips in allen Digitalkameras; mit dem gepulsten LASER erzeugt man in Licht kodierte Information (Bilder oder Daten oder akustische Information), die über die Glasfaser von einem Server zum anderen geschickt wird. Drahtlos geht es nur über kurze Distanzen (im Gebäude: WLAN – Wireless Local Area Network -oder mit dem Handy bzw. Smartphone bis zum nächsten Sendemast). Nun kommt der Computer ins Spiel.

Der ***Computer*** ist ebenfalls ein Beispiel für eine Synergie, ein Zusammenwirken – von Software (dem Programm) und Hardware (dem Prozessor und den Speichern). Er war zunächst nichts anderes als ein *Rechner*. Inzwischen ist der Computer längst ein Multimediagerät geworden, auf dessen vielfältige Anwendungen – Kommunikation und Spiele im privaten Bereich, Administration und Transaktionen im professionellen Bereich – wir im Abschnitt 3.14 eingehen werden.

Moderne Computer arbeiten alle mit dem Dualsystem: Informationen – ob Zahlen oder Texte oder Bilder – werden in den Ziffern 0 und 1 (den Bits) verschlüsselt. Das ist kein Zufall: Die Abbildung von 0 und 1 im Computer auf physikalische Größen (z. B. elektrische Ladung vorhanden oder nicht vorhanden) ist besonders einfach und wenig störanfällig. Das Dualsystem ist spätestens seit Leibniz (1705) bekannt, wahrscheinlich schon früher. Die Boolesche Algebra, d. h. das Darstellen logischer Verknüpfungen durch die Ziffern 0 und 1, wurde um 1850 durch den englischen Mathematiker George

Boole erfunden. Der amerikanische Elektrotechniker Claude E. Shannon hat es wesentlich später – 1937 – in Schaltalgebra übersetzt. Das bedeutet, dass man die Boolesche Algebra nun mit elektrischen Schaltkreisen ausführen konnte. Das ist eine Übertragung von einem Gebiet auf ein anderes – das Prinzip, das wir in Abschnitt 3.8 beschrieben haben.

Wem die Ehre gebührt, der Erfinder des Computers zu sein, hängt davon ab, wie man den Computer definiert. Rechenmaschinen gab es schon im 17. Jahrhundert (Heinrich Schickard und Blaise Pascal). Wenn man die Verwendung der Booleschen Algebra (binäres System) und die Programmierbarkeit als Voraussetzung ansieht, dann war es ein Europäer, der Deutsche Konrad Zuse. Er entwickelte zwischen 1935 und 1937 einen Computer Z1, der Boolesche Algebra benutzte, sie allerdings rein mechanisch ausführte. Das Nachfolgemodell Z3 (1941) arbeitete bereits mit elektromechanischen Relais' und war durch Lochstreifen programmierbar. Es wurde leider im Krieg zerstört. Z3 hatte jedoch viele verbesserte Modelle als Nachfolger.

Zu etwa gleicher Zeit wie der Computer Z3 in Europa entwickelt wurde, konstruierten John V. Atanasoff und Clifford Berry am Iowa State College in den USA ein *electronic digital computing device (Atanasoff-Berry-Computer oder ABC).* ABC arbeitete elektronisch, war aber nicht programmierbar, sondern für eine Spezialanwendung bestimmt – die Lösung linearer Gleichungen. Es war die erste Maschine, die Elektronenröhren für die Ausführung arithmetisch-logischer Funktionen benutzte, und auch die erste Maschine, die die Informationsspeicherung auf Kondensatoren einführte. Diese Art der Speicherung wird bis heute bei den modernen DRAMs angewendet.

Sie sehen, die Entscheidung, wer wohl der erste war, fällt schwer. Zudem tritt ein weiterer Konkurrent in den USA auf: An der University of Pennsylvania wird ab 1942 im Auftrag der US-Armee von J. Preper Eckert und John W. Mauchly ein Mammut-Computer (ENIAC = Electronic Numerical Integrator and Computer) entwickelt und 1946 fertiggestellt. Er wird als *der erste elektronische Universalrechner* betrachtet und ist zur Lösung ballistischer Probleme bestimmt. Eckert und Mauchly bekommen zunächst Patentrechte in den USA zugesprochen, die aber später zugunsten von Atanasoff und Berry wieder aufgehoben werden! Die Maschine hat auch Nachteile: Sie arbeitet nicht binär (was heute alle Computer tun) und ist nur durch Neuverkabelung programmierbar. Dies wird erst bei seinem Nachfolger EDVAC (Electronic Discrete Variable Automatic Computer) anders. An diesem Computer arbeitet John von Neumann als Consultant mit. Dieser aus Österreich-Ungarn stammende Wissenschaftler schlug 1945 vor, Daten und Programm-Befehle gemeinsam im Speicher abzulegen. Damit war der Rechner nicht mehr an ein festes Programm gebunden. Eine schnelle Umprogrammierung wurde möglich – ohne Änderung an der Hardware. Das nennt man freie Programmierung, die ein Meilenstein in der Computer-Geschichte war!

Eine Tabelle mit einem guten Vergleich der ersten Computer findet sich im Internet bei *Wikipedia*[27].

Ein weiterer Meilenstein war die Erfindung des Transistors, eines kleinen Halbleiter-Bauelements, eines elektrischen Schalters und Verstärkers, der nun die großen, unzuverlässigen und viel Energie verbrauchenden Elektronenröhren in den Computern ersetzte. Als Erfinder werden üblicherweise William B. Shockley und Walter H. Brattain genannt (1945). Beide erhielten auch 1956 für ihre Arbeiten am Transistor den Nobelpreis in Physik. Es gibt aber auch Vorgänger wie den ungarisch-österreichischen Physiker Julius Edgar Lilienfeld (1925) und den deutschen Physiker Oskar Heil (1934) sowie Parallelarbeiten von Herbert F. Mataré und Heinrich Welker bei Telefunken, die alle ebenfalls Patente anmeldeten, die auch erteilt wurden. Es ist einfach so, dass sich ein einziger Erfinder oft gar nicht ausmachen lässt, dass vielmehr mehrere Personen Ideen zu etwas überraschend Neuem beigetragen haben. Und manchmal heben Patengerichte sogar vorher erteilte Patente zu Gunsten anderer Erfinder wieder auf, wie im Falle des ABC und des ENIAC Computers. Details sind abrufbar im Internet bei *Wikipedia*[28].
Der vielleicht wichtigste Meilenstein auf dem Weg zum heutigen Computer war aber die Erfindung des Integrierten Schaltkreises (IC = Integrated Circuit). Alle elektronischen Bauelemente, wie z. B. Transistoren und Widerstände, werden beim IC auf einer Unterlage, einer Halbleiterscheibe, zusammengefasst bzw. integriert. Jack Kilby gelang dies 1958 zunächst auf der Basis von Germanium. Robert Noyce erhielt 1959 ein Patent für ICs auf ***Silizium***basis. Auf Silizium (Si) werden sie heute noch gebaut! Silizium zeichnet sich dadurch aus, dass es das *reinste Material* ist, das wir herstellen können, und dass es ein *perfekter Einkristall* ist! Beide Eigenschaften sind die Voraussetzung dafür, dass man Transistoren in Silizium herstellen kann. Deshalb wurde Silizium auch bis heute als Halbleitermaterial noch nicht verdrängt. Robert Noyce integrierte alle elektronischen Bauelemente, auch die *Verdrahtungen* zwischen ihnen, auf einem Silizium-Chip. Tatsächlich benutzte man eine kreisrunde Siliziumscheibe von ca. ein Zoll (25,4 mm) Durchmesser, und der rechteckige Chip mit einer Fläche von einigen Quadratmillimetern (mm^2) war ein Teil dieser Scheibe, ähnlich wie ein Stück

Kuchen Teil des ganzen Kuchens ist. Die ICs lösten die einzelnen Transistoren ab, die zuvor die großen unhandlichen Röhren ersetzt hatten. Der Clou war jedoch, dass sie ein gewaltiges *Potential für eine weitere Miniaturisierung* besaßen! Wir gehen unten im Detail darauf ein. Der IC auf Siliziumbasis war also der eigentliche Durchbruch! Jack Kilby erhielt für die Erfindung des ICs später einen Nobelpreis in Physik. Dies geschah sehr spät – erst im Jahre 2000. Robert Noyce, der sicher auch bedacht worden wäre, war zu diesem Zeitpunkt bereits verstorben ... Und Nobelpreise werden im Allgemeinen nicht posthum vergeben.

Im Jahre 1971 war es dann soweit, dass ein ganzer Prozessor mit mehreren Tausend Transistoren auf einem Chip (bzw. Mikrochip) untergebracht werden konnte! Das war die Geburtsstunde des *Mikroprozessors.* Diese „Geburt“ fand bei Intel statt.

Welche Strategie wurde bei der weiteren Entwicklung verfolgt? Das Ziel *war und ist, schnellere und kostengünstigere Computer mit größerer Speicherkapazität zu bauen; die Strategie dazu eine Verkleinerung der Bauelemente („klein bedeutet schnell!“).* Wir wissen es schon: Diese Entwicklung verlief bei den Chips nach der bereits 1964 von *Gordon Moore,* einem der Intel-Gründer, aufgestellten Prognose: Die Zahl der Transistoren auf einem Mikrochip verdoppelt sich alle zwei Jahre! Das war extrem weitsichtig. Denn wer hätte geahnt, dass diese Entwicklung tatsächlich bis heute so verlaufen würde? Kein Experte. Gordon Moore hat also mit seiner Vermutung Expertenmeinungen widerlegt (unser Prinzip aus Abschnitt 3.10). Diese Entwicklung bedeutet eine unglaubliche Steigerung der Zahl der Transistoren auf den Mikroprozessorchips und auf den Speicherchips um den Faktor eine Million in 40 Jahren! Bei den Magnetplatten ging es noch schneller: Eine Steigerung der Speicherkapazität bzw. der Anzahl Bits pro mm^2 um den Faktor 1.000.000 in 30 Jahren. Bei den Flash-Memories, die in den SSDs (Solid State Drives) stecken, war dies sogar in nur 20 Jahren möglich (Hwang's Law: Die Anzahl Bits pro Chip verdoppelt sich jährlich)! Es ist bis vor einigen Jahren tatsächlich so verlaufen, wie Gordon Moore und Hwang vorhergesagt haben. Inzwischen geht es allerdings etwas langsamer: Bei den DRAMs erfolgt die Verdopplung in drei Jahren, bei den Flash Memories in zwei Jahren – was immer noch beeindruckend ist. So wird es vermutlich auch noch wenigstens 15 Jahre weitergehen. Wir werden nachfolgend beschreiben, wie die enorme Verkleinerung der Bauelemente tatsächlich realisiert wurde.

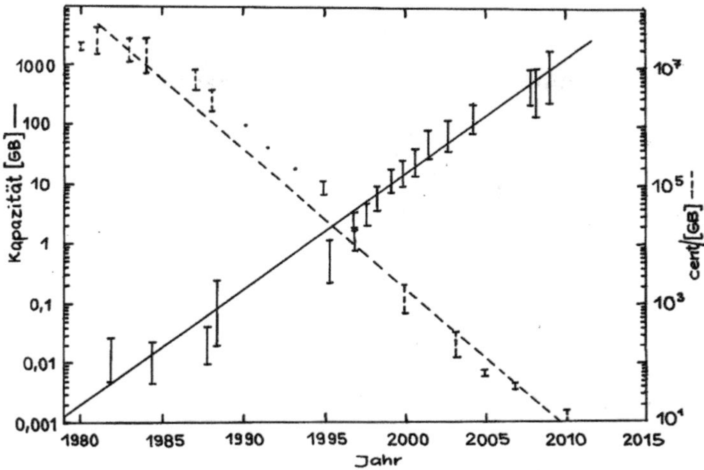

Abb. 19: Speicherkapazitäts- und Kosten-Entwicklung bei Festplatten

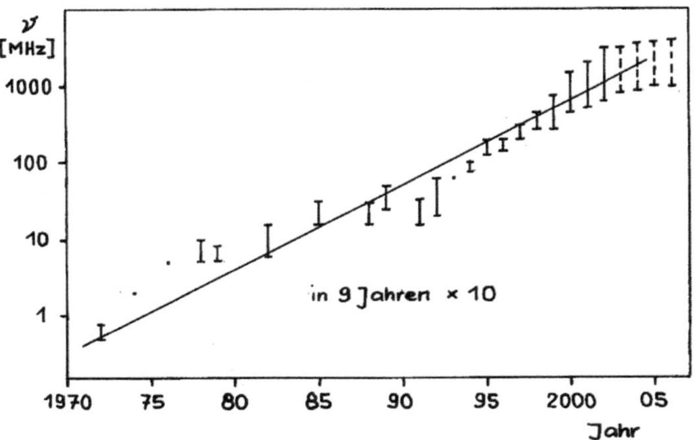

Abb. 20: Geschwindigkeit/Taktfrequenz von Intel-Mikroprozessoren

In *Abb. 19*[29] und in *Abb. 20*[30] sind diese drei wichtigen Parameter des Computers, Speicherkapazität, Kosten und Geschwindigkeit in ihrer zeitlichen Entwicklung dargestellt.

Ein humoriger IBM Kollege meinte einmal, ein Kilogramm Computer sei immer gleich teuer gewesen; die *Leistung sei allerdings drastisch gewachsen* ... Sie sehen, man kann die Entwicklung auf verschiedenste Weise kommentieren.

Diese Computerrevolution hat den ***Personal Computer (PC)*** ermöglicht: Schließlich waren die Komponenten so klein geworden, dass der Computer auf einen Schreibtisch passte (desktop), und das Gerät so billig, dass es jeder kaufen konnte – die Geburtsstunde des PC! Gibt es einen Erfinder des PC? Wahrscheinlich nicht, wohl aber Menschen, die ihn zum ersten Mal gebaut haben:

Im Jahre 1973 kreierte ein Forscherteam von Xerox den *Xerox Alto*, einen Computer, der Tastatur und einen grafikfähigen Bildschirm besaß und auf einen Schreibtisch passte (desktop stimmte noch nicht ganz, der Prozessor stand unter dem Schreibtisch). Das Xerox-Management verschlief allerdings die große Chance, die dann andere nutzten: Im Jahre 1976 löteten Steve Wozniak und Steve Jobs, mit hoher Wahrscheinlichkeit inspiriert durch Xerox, den ersten PC zusammen – Apple I – und gründeten die Apple Computer Company. Und das Gerät passte tatsächlich auf einen Schreibtisch (desktop)! Steve Jobs Erfolgsstory ist einmalig; er hatte ein besonderes Gespür dafür, welche Produkte sich gut verkaufen lassen. Er setzte oft auf ästhetisch schöne und benutzerfreundliche Produkte sowie auf Entwicklungen, die andere für aussichtslos hielten – er war ein bisschen crazy – und damit meistens erfolgreich. Dies entspricht unseren Kreativitätsprinzipien in Abschnitt 3.5 und 3.10. Man könnte auch sagen – in Anlehnung an das, was der *Spiegel* in seiner Ausgabe vom 10.11.2011 schreibt – *er hat Bedarf geweckt und ihn dann bravourös gedeckt*! Erinnert uns das nicht an das Universalprinzip der Umkehrung aus Abschnitt 3.1? In einer gesättigten Gesellschaft kann man als Anbieter wahrscheinlich nur erfolgreich sein, wenn man zu verführen versteht.

Der Welt größter Computerhersteller, IBM, ließ sich relativ spät auf den Personal Computer ein: Der erste IBM PC wurde erst 1981 vorgestellt – als Konkurrenz zum Apple II. Kam IBM auch spät – die Kunden hatten Vertrauen in den erfahrenen Computerhersteller, der sich auf Büroanwendungen konzentrierte, und so entwickelte sich ein respektables Geschäft – trotz des späten Einstiegs und des anfangs hohen Preises. IBM legte die Systemarchitektur offen und setzte damit bald den inoffiziellen Industrie-Standard. Ein Jahrzehnt lang waren alle erfolgreichen PCs auf dem Markt IBM-kompatibel.

Es kam ein Deal mit Microsoft und Intel zustande: Microsoft lizensierte an IBM das Betriebssystem DOS (das Microsoft erst nach der Vertragsunterzeichnung erwarb), Intel lieferte die Prozessoren – 80286 und 80386. Das änderte sich erst mit der Einführung der IBM PS/2 Serie, die nicht hardwarekompatibel war. Nun setzten andere den Industrie-Standard. Als sich abzeichnete, dass mit dem PC immer weniger Geld zu verdienen war, trennte sich IBM im Jahre 2005 von seiner PC-Sparte (Desktops und Notebooks)[31]; sie wurde an den größten chinesischen Computerhersteller Lenovo verkauft. Lenovo ist mit dieser Übernahme inzwischen zum drittgrößten PC-Hersteller weltweit avanciert.

Solche Verkäufe bringen einen Konzern wie IBM natürlich nicht in Bedrängnis. Verfügt er doch über weltweit angesiedelte Forschungs- und Entwicklungseinrichtungen, in denen kreative Köpfe und etliche Nobelpreisträger die Entwicklung neuer Produkte und Dienstleistungen vorantreiben. Denn das Bestreben von IBM ist es, der weltweite Marktführer bei *Technologie- und Transformationslösungen*[32] zu sein. Wie schrieb die Südwest-Presse am 15. 6.2011 zum 100. Geburtstag von IBM bezeichnender Weise: *IBM erfindet sich stets neu!*

Was interessiert den privaten Anwender heute vorrangig? 1) Es interessiert ihn, ob er Spiele machen kann oder Videos ansehen kann, bei denen die Bilder nicht ruckeln. Das hängt von der Leistungsfähigkeit seines PCs und dessen Grafikkarte ab. 2) Ob schnelle Downloads aus dem Internet möglich sind, Blättern der Internetseiten im Sekundentakt und Versenden voluminöser E-Mails mit Fotos und Filmen. Das betrifft die Datenrate, die ihm sein Provider zur Verfügung stellt, 3) die Größe der Datenmenge, die er auf seiner Festplatte, seinem Aktenschrank, speichern kann. Wenn man sparsam mit dem Speicherplatz umgeht, werden heute fast alle Wünsche erfüllt: Viel Speicherplatz benötigen Videos in guter Qualität. Etwa 2 GB (Gigabyte) pro Stunde Video in HD-Qualität werden benötigt, d. h. auf einer Festplatte mit ein Terabyte Kapazität lassen sich 500 Stunden Video abspeichern – ca. 20 Tage ununterbrochen! Oder 400 Millionen Bücher à 400 Druckseiten (ohne Bilder) – eine riesige Bibliothek!

Oder aber eine Million Fotos – fast in Postergröße. Sie sehen, dass der Speicherbedarf von Bildern, insbesondere von bewegten Bildern (Videos) viel größer ist als der von Text. Bei diesem werden nämlich die einzelnen Buchstaben kodiert, bei den Bildern dagegen die kleinen Pixel, aus denen das Bild zusammengesetzt ist. Inzwischen wurden Bild-Kompressionsverfahren erfunden, die den Speicherbedarf von Bildern drastisch reduzieren, ohne dass die Qualität allzu stark leidet. Nimmt man z. B. ein Foto aus der Digitalkamera von 1 MB (Megabyte), so kann man dieses durch ein Fotobearbeitungsprogramm (z. B. Adobe-Photoshop) leicht auf 0,05 MB komprimieren – ohne wesentliche Qualitätseinbuße. Für das Versenden von Fotos per E-Mail ist dies zu empfehlen, damit die Übertragungszeit nicht zu lang wird, denn nicht überall stehen extrem schnelle Verbindungen zur Verfügung.

Der Computer hat viele Aspekte. Wir wollen nicht alle nachzeichnen, sondern einige auswählen und uns ganz auf die Hardwareseite beschränken, aus der unsere eigenen Erfahrungen stammen.

Als ***Speicher eines Computers*** werden heute mehrere Technologien eingesetzt: DRAM-Halbleiterspeicher, Flash-Halbleiterspeicher, Magnetplattenspeicher und schließlich optische Speicher (DVDs). Sie benutzen verschiedene physikalische Prinzipien: Bei den Halbleiterspeichern wird ein Bit als elektrische Ladung dargestellt (Ladung vorhanden = 1, Ladung nicht vorhanden = 0), bei den Magnetplattenspeichern als Richtung der Magnetisierung (up = 1, down = 0), bei den optischen Speichern als Reflektion des Laserlichts (stark = 1, schwach = 0).

Die optischen Speicher und die Flash-Speicher werden als externe Speicher verwendet. Sie sind klein und leicht; das bedeutet Mobilität. Als computerinterne Speicher werden DRAM-Hauptspeicher und Magnet-Festplatten verwendet, manchmal sogar noch Zwischenspeicher (Caches) zwischen beiden. Es existiert eine regelrechte Speicherhierarchie. Warum? Es ist erwünscht, dass im Prozessor benötigte Daten stets rechtzeitig zur Verfügung stehen. Das leisten die DRAMs mit ihrer schnellen Zugriffzeit. Andererseits müssen oft große Datenmengen zur Verfügung stehen. Das wiederum leisten die Festplatten mit ihrer höheren Speicherdichte (Bits/cm^2) und Kapazität (Bits/Disk) besser, bei geringeren Kosten/Bit.

Deshalb organisiert man eine Speicherhierarchie: Im Mikroprozessor sind kleine Halbleiterspeicher mit schnellem Zugriff, fern vom Mikroprozessor große Magnetplattenspeicher mit zwar langsamem Zugriff, dafür aber schneller Übertragungsrate – von der Festplatte auf die Halbleiterspeicher (Hauptspeicher)! Dazwischen gibt es eventuell noch Cache-Speicher. Das Prinzip ist aber stets das gleiche: Wichtig ist, dass durch die Software immer die Daten, die gerade im Prozessor gebraucht werden, rechtzeitig von der Magnetplatte in den Halbleiter-Hauptspeicher geladen werden. Diese Kenntnis ist wichtig, um ein tieferes Verständnis der Abläufe in einem Computer zu erreichen und ist Voraussetzung für weitere Kreativitätsschübe!

Wann hat die moderne digitale Speichertechnologie begonnen? Von den heute noch verwendeten Speichertechnologien ist die ***Magnetplatte*** die älteste (Vorläufer waren die Magnettrommel und das Magnetband): 1956 stellte IBM mit dem *305 RAMAC* einen Computer vor, zu dem ein System von 50 Magnetplatten mit einem Durchmesser von 61 cm gehörte, auf denen je 4,375 MB (Megabyte) gespeichert werden konnten! Heute speichert man auf einer Festplatte von 3,5 Zoll Durchmesser vier Millionen MB! Dass die Magnetplatten-Speichertechnologie sich so lange halten konnte, liegt an der in Abschnitt 3.7 besprochenen Entdeckung des *Giant Magneto Resistance Effects* durch Albert Fert und Peter Grünberg im Jahre 1988, die dafür ein Patent erhalten haben. Die Magnetplatte wurde immer wieder einmal „totgesagt", gerade in neuerer Zeit. Der Konkurrent – das Flash-Memory bzw. der Solid-State-Drive (SSD) – ist kleiner, hat keine rotierenden Komponenten, erreicht aber noch nicht die Kapazität der Magnetplatte von mehreren Terabyte, bei fast zehnmal höheren Kosten pro Bit. IBM hat im Jahre 1985 zum ersten Mal einen PC mit SSD angeboten.

Der Erfinder des ***DRAM*** war Robert Dennard, IBM; 1968 wurde ein Patent zu seinen Gunsten erteilt. Es findet Anwendung im Hauptspeicher des Computers, da die Zugriffzeit auf die Bits sehr kurz ist. Das DRAM hat sich bravourös gehalten, obwohl das D in seinem Namen eigentlich für einen Nachteil steht: D heißt *Dynamic* und bedeutet, dass die Information (die elektrische Ladung) nach ca. einer Tausendstel Sekunde verschwunden ist – durch Leckstrom! In diesem Rhythmus muss also die Ladung aufgefrischt werden! ... Offenbar ist's aber kein Problem.

Obwohl der USB-Stick (Universal Serial Bus) erst seit dem Jahr 2000 bekannt ist, gibt es ***Flash***-EEPROMs (Electrically Erasable PROMs) schon seit 1971. Intel hat sie gefertigt, bevor die Firma sich auf Mikroprozessoren spezialisierte. IBM hat sie im Jahre 1985 als Solid State Drive (SSD) erstmals in einen PC eingebaut. Die Miniaturisierung verlief noch rasanter als bei den DRAMs – bis vor Kurzem nach Hwangs Law: Verdopplung der Speicherkapazität pro Jahr. Flash-Memories sind Konkurrenten für die Festplatte, besonders bei zukünftigen Systemen, die aus der Verschmelzung von Smartphone und Tablet-PC entstehen werden.

Optische Speicher sind im Audio-Bereich seit 1976 bekannt (Anbieter: Sony und Philips), als *CD-ROM* (Read Only Memory) zur Datenspeicherung seit 1985. Seit Mitte der neunziger Jahre ist die *DVD* mit einer Kapazität von 4,4 GB pro Lage auf dem Markt, seit 2007 die *Blu-Ray-Disc* mit einer Kapazität von 25 GB pro Lage. Die Blu-Ray-Systeme arbeiten mit einem Laser kürzerer Wellenlänge als ihre Vorgänger und können dadurch höhere Speicherdichten erreichen. Schon die CD Audio Disks waren Systeme mit einer ausgefeilten Technik: Der Laser zum Lesen und Schreiben muss in radialer Richtung (um die Spur zu halten) und senkrecht zur Platte (zum Erhalt des Fokus) dauernd mit hoher Genauigkeit nachgeführt werden. Für die Fokuskontrolle werden Tauchspulen verwendet. Diese Techniken mussten für Blu-Ray-Systeme weiter verfeinert werden – *High Tech* in Reinkultur! In *Abb. 21* haben wir das alles noch einmal zusammengefasst.

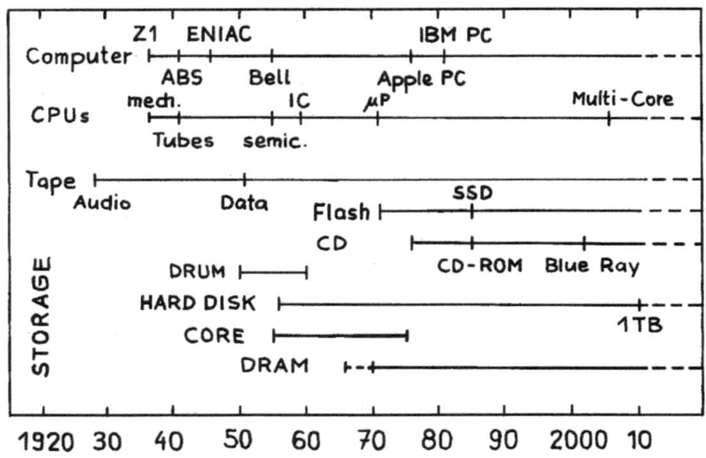

Abb. 21: Computer, Central Processing Units, Storage Technology (Magnetic Tape, Flash, CD, Drum, Hard Disk, Core, DRAM)

Und nun zum ***Mikrochip***: Wir wollen hier nicht auf dessen Organisation und Funktionsweise eingehen, sondern auf seine Herstellungstechnik, die die Chips immer schneller werden lässt und ihre Speicherkapazität erhöht. Wir wollen das Geheimnis lüften, wie die Computer-Revolution, im Takt der Gordon Moore'schen Prognose, auf der Seite der Hardware zustande kommt.

Noch einmal: Kleiner heißt beim Chip schneller, mehr (höhere Speicherkapazität) und billiger. Die Zahl der Transistoren auf einem Chip alle zwei Jahre zu verdoppeln, ist eine herausfordernde Aufgabe. Leichter gesagt als getan: Wir wissen, wovon die Rede ist. Wir haben an dieser Entwicklung mit eigenen Erfindungen teilgenommen (siehe auch die Details zu den Speicherchips im Abschnitt 3.8). Die Herausforderungen waren und sind gewaltig, da die Strukturen unvorstellbar klein sind und dennoch präzise hergestellt werden sollen.

Die feinsten Strukturen auf den Chips sind heute in der Fertigung ca. 50 nm (1 nm = ein Millionstel mm); die Chips selbst haben eine Größe von ca. 4 cm^2. Sie befinden sich während der Fertigung auf kreisrunden Siliziumscheiben, die heute einen Durchmesser von 30 cm haben – Pizzagröße. Begonnen hatte es 1960 mit einer Scheibengröße von 1 Zoll (2,54 cm). Wie die Scheiben im Laufe der Zeit gewachsen sind, zeigt *Abb. 22: Siliziumscheibengröße als Funktion der Zeit (Siemens)*, in 40 Jahren von 2 Zoll (ca. 5 cm) auf 12 Zoll (ca. 30 cm). Im gleichen Zeitraum ist die Chipgröße im nahezu gleichen Umfang gewachsen: Von einigen Quadratmillimetern (mm^2) auf etwa 350 mm^2. Sie erinnern sich: Pro Generation, d. h. alle drei bis vier Jahre, sollte die Chipgröße um den Faktor 1,4 zunehmen. Die Vergrößerung der Siliziumscheiben im Laufe der Zeit stellte sicher, dass der unbrauchbare Randbereich der Scheibe – bei gleichzeitig wachsender Chipgröße – nicht zunahm.

Nach der Fertigung wird die Si-Scheibe in die einzelnen Chips zersägt – es sind etwa 250 Chips pro Scheibe. Wenn wir in Gedanken diesen „Teller" auf 100 km Durchmesser vergrößern (damit könnte man München bequem überdachen), dann wären die kleinsten Strukturen, z. B. die „Drähte", gerade einmal von 1/3 der Dicke eines Haares – selbst bei dieser Vergrößerung extrem klein, gerade noch sichtbar! Und sie sollen in den nächsten 15 Jahren noch um den Faktor 8 kleiner werden! Es ist keine Übertreibung: Chip-Technologie ist wahrscheinlich die größte technische Leistung, die Menschen bisher hervorgebracht haben!

Wie kann man solche feinen Strukturen denn nun herstellen? Das Geheimnis liegt im *schreibenden Elektronenstrahl*, wie er früher in den großen Fernseh-Bildschirmen (Kathodenstrahlröhren) verwendet wurde. Ihn kann man so fein fokussieren, wie es benötigt wird, um einen Lackfilm auf der Oberfläche der Siliziumscheibe zu belichten, d. h. eine Struktur einzuschreiben. Im Prinzip. In der Realität geht das nicht, weil es viel zu langsam abläuft!

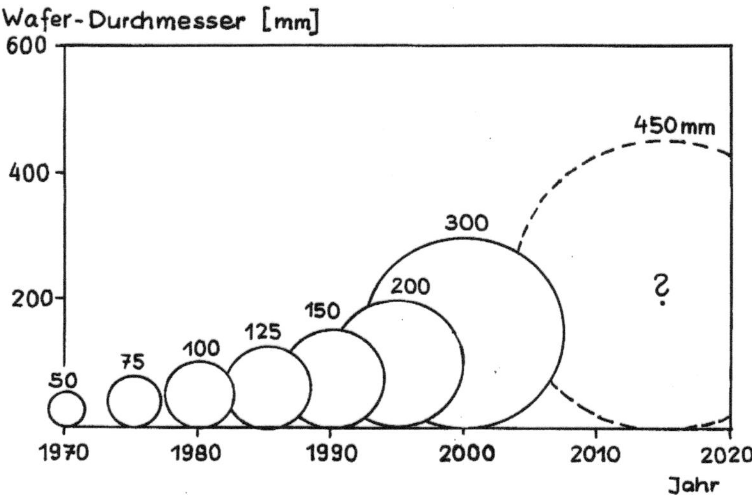

Abb. 22: Siliziumscheibengröße als Funktion der Zeit

Also stellt man zunächst mit dem schreibenden Elektronenstrahl in einem Zwischenschritt eine Maske her. Diese wird anschließend mit Laser-Licht *parallel* auf den Lackfilm auf der Siliziumscheibe belichtet – wie bei einer Diaprojektion – in einem einzigen schnellen Schritt. Wie aufwendig die Maskenherstellung bei so kleinen Dimensionen ist, kann man sich vielleicht vorstellen – ungeheuer. schwierig Mit Hilfe der im Zwischenschritt erstellten Maske wird also eine Lackmaske auf der Siliziumscheibe erzeugt – die z. B. zum strukturierten Beschichten mit einem Metall benutzt werden kann oder um Material aus der Si-Oberfläche zu entfernen.

Anfangs hat man für diese sogenannte Fotolithographie sichtbares Licht benutzt, d. h. eine Lichtwellenlänge von etwa 500 Nanometer (nm). Das war dann auch die kleinste erzielbare Abmessung der hergestellten Strukturen. Heute sind wir aber bei 50 nm, um einen Faktor 10 kleiner. Wie kamen wir dorthin? Man hat die Lichtwellenlänge in den UV-Bereich hinein verkleinert, bis auf 193 nm, und einige zusätzliche raffinierte Techniken eingeführt. Man beabsichtigt, in Zukunft für die Belichtung der Siliziumscheibe extremes UV-Licht von 13,5 nm zu verwenden, um Strukturen von 8 nm herzustellen (siehe auch Abschnitt 3.7). Dann wird man allerdings statt optischer Linsen Spiegel verwenden müssen – da es keine lichtdurchlässigen Materialien zur Herstellung von Linsen für Licht von 13,5 nm gibt… Nebenbei: Auch Röntgenstrahlen und Ionenstrahlen anstelle der Elektronenstrahlen sind getestet worden.

Die Barrieren für eine weitere Verkleinerung der Bauelemente sind z. B. Leckströme und eine zu starke Wärmeentwicklung. Es gibt Ideen, wie man beide Barrieren überspringen kann: z. B. durch neue Materialien – für die Isolatoren und für die Verbindungsdrähte. Das attraktive Material Graphene verspricht höhere Geschwindigkeit, bessere Kühlung und höhere Strombelastbarkeit. Es eignet sich damit sowohl als elektrischer Schalter wie auch für Verbindungsdrähte.

Zusammenfassend kann gesagt werden, dass die Entwicklung der Computer-Technik ein exzellentes Beispiel für das Zusammenwirken (Synergie) von Werkstoff- und Prozesstechnologien ist. Die weitere Entwicklung in der modernen Nano-Elektronik (früher Mikroelektronik) wird voraussichtlich mindestens 15 Jahre im gleichen hohen Tempo der Mooreschen Prognose weitergehen. Wie sieht die ferne Zukunft aus? Hier werden Quanten-Computer, optische Computer und Computer auf der Basis der Erbsubstanz DNA diskutiert – heftig. Wir wollen auf diese interessanten Exkursionen hier jedoch verzichten.

Noch einmal wollen wir zurückgehen zu den Anfängen des Computers: Er war zunächst ein *Rechner*, der vorwiegend im wissenschaftlichen und im militärischen Bereich eingesetzt wurde. Die ersten Personal Computer („VolksComputer“) nach modernem Muster, mit einem Keyboard als Eingabegerät und einem grafikfähigen Bildschirm als Ausgabegerät wurden 1973 von XEROX, 1976 von Steve Jobs und Steve Wozniak kreiert. Der erste IBM PC wurde 1981 vorgestellt. Diese PCs waren anfangs nichts anderes als „vornehme“ Schreibmaschinen und Aktenschränke für Dokumente.

Machen wir es uns einmal klar: Früher wurde ein Brief mit der konventionellen Schreibmaschine getippt und Fehler mit Tippex mühevoll verbessert. Manchmal musste der Brief ein zweites Mal getippt werden, wenn eine Formulierung geändert werden sollte oder das Format nicht mehr gefiel.

Heute öffnet man das Dokument im PC, ändert die Textstelle, wählt eine andere, schönere Schriftart, ändert das Format mit ein paar Klicks und speichert es erneut – vielleicht unter anderem Namen; dann bleibt die alte Kopie auch noch erhalten. Dann druckt man das Dokument direkt aus. Die modernste Version ist die *phonetische Schreibmaschine:* Man spricht den Text einfach ein; der Computer erkennt die Sprache und setzt sie in einen maschinengeschriebenen Text um, der im PC weiterbearbeitet werden kann. Die phonetische Eingabe existiert schon seit Ende der neunziger Jahre, war aber anfangs sehr fehleranfällig, insbesondere wenn die sprechende Person undeutlich oder in einer Mundart sprach. Ein weiterer Schritt war die elektronische Post – die E-Mail, die Anfang der achtziger Jahre eingeführt wurde. Einen Brief ausdrucken, in einen Umschlag stecken, eine Briefmarke aufkleben, den Brief in einen Briefkasten stecken, war nun nicht mehr nötig. Alles verläuft online – über das Internet! Mit dem Internet und seinen unglaublich vielfältigen Anwendungen im Bereich Information, Kommunikation und Business – über die wir anschließend berichten – hat der PC für jeden von uns eine ganz neue Bedeutung und Wichtigkeit erhalten!

Über die Festplatte als virtuellem Aktenschrank und auf welche Größe er inzwischen gewachsen ist, haben wir oben bereits berichtet. Die Verkleinerung der magnetischen Bits wurde insbesondere durch die Entdeckung des bereits erwähnten *Giant Magneto Resistance Effects* ermöglicht. Nun konnte man kleinere Magnetfelder messen als bisher (siehe Abschnitt 3.7) und Speicherkapazitäten der Festplatte im Terabyte (10^{12} Bytes) Bereich verwirklichen. Um uns die Zahl 10^{12} zu veranschaulichen, können wir ein Gedankenexperiment machen: Wenn ein Byte einem Millimeter entspricht, dann entsprechen 10^{12} Bytes einer Million Kilometer, d. h. etwa dreimal der Entfernung Erde-Mond! Die Zukunft könnte den SSDs (Solid State Drives) gehören. Noch ist aber deren Speicherkapazität kleiner als bei Magnetspeichern, und sind ihre Kosten deutlich höher. Die Magnetspeicher werden dann zur Archivierung benutzt werden.

Der PC hat sich inzwischen zu einem tragbaren, d. h. ***mobilen Gerät*** entwickelt – dem ***Notebook*** (*laptop*), dem ***Netbook*** und neuerdings dem ***Tablet-PC*** (*handheld*). Dazu mussten nicht nur die Bits verkleinert werden, sondern auch die Eingabe- und Ausgabe-Komponenten, das Keyboard und der Bildschirm. Besonders dieser – eine sperrige Kathodenstrahlröhre, die wir auch von alten Fernsehern kennen –, musste ersetzt werden. Die Lösung war der Plasmabildschirm, das Liquid Crystal Display (LCD), und in neuester Zeit das Display mit Organic Light Emitting Diodes (OLED)*, auf die wir hier nicht näher eingehen. Der technische Vorteil bei den OLEDs besteht übrigens darin, dass sie sehr kontrastreich sind und keine Hintergrundbeleuchtung benötigen. Dies bedeutet, dass sie extrem dünn sein können (einige Zehntelmillimeter). Mobil bedeutet natürlich auch eine eigene Energieversorgung durch einen Akku. Leistungsfähige Akkus, im Energieverbrauch sparsame Notebooks und Tablets sind also gefragt, damit die Laufzeit ausreichend groß ist, bevor der Akku wieder aufgeladen werden muss.

Im Zusammenspiel des Computers und seiner Software, mit der digitalen Bilderfassung und mit der *optischen Datenübertragung* durch Laser und Glasfaser wurde das ***Internet*** möglich – ein globaler Austausch von riesigen Datenmengen (Text, Bilder und bewegte Bilder), eine bahnbrechende Erfindung! Zunächst wurden Telefonleitungen aus Kupfer benutzt. Doch die stießen in ihrer Übertragungskapazität bald an ihre Grenzen. Die optische Datenübertragung sowie die Datenübertragung über Satelliten treten deshalb heute an die Stelle der Informationsübertragung in den alten Kupferkabeln. Mit der optischen Datenübertragung über Glasfasern wurden im Labor inzwischen über 100 Terabits/s erreicht! Das entspricht der Übertragung von 500 Stunden Video in einer Sekunde – unglaublich! Auf Internet-Anwendungen werden wir im Abschnitt 3.14 ausführlich eingehen.

Ähnlich wie der Computer ist das ***Handy*** bzw. das ***Smartphone*** ebenfalls ein Beispiel für eine Synergie, ein Zusammenwirken – von Software (dem Programm) und Hardware (dem Prozessor, den Speichern und diversen Sensoren). Das umgangssprachlich benutzte Wort *Handy* trägt der Tatsache Rechnung, dass es *handlich* ist. Im Englischen wird das Mobil- oder Funktelefon *mobile phone* genannt. Obwohl heutige Computer und Smartphones Wunderwerke der Ingenieursleistung darstellen, sind bisher nur die Erfindungen einiger Komponenten (IC, die Glasfaser, der Laser, CCDs) mit einem Nobelpreis ausgezeichnet worden.

Wie begann die Technik der Ferngespräche? Der Vorläufer war Samuel Morse, der 1837 eine Patentanmeldung für einen elektrischen Telegrafen machte. Die Ehre für die Entwicklung des Telefons gebührt dem Deutschen Philipp Reis, 1861. Zum Durchbruch verhalf dem Telefon schließlich 1876 Graham Bell: Die Geschichte des digitalen Mobilfunks findet sich im *Internet*[33,34].

---

* Hinweis Dr. Ulrich Künzel

Die *mobile* Kommunikation hat es bereits zurzeit der Deutschen Reichsbahn gegeben. Bahnreisende der 1.Klasse – wenige erlesene VIPs – hatten ab 1926 die Möglichkeit, auf der Strecke Berlin-Hamburg während der Fahrt aus dem Zug heraus mobil zu telefonieren. Die Grundlagen für das erste nationale Mobilfunknetz, das sogenannte ***A-Netz***, schuf die Deutsche Bundespost jedoch erst 1958. Bundeskanzler Konrad Adenauer war einer der ersten, der ein Autotelefon benutzte. Der Kreis der Nutzer, der Zugriff auf diese Kommunikationstechnik hatte, betrug jedoch nur etwa 10000 Teilnehmer ... Das war natürlich nicht verwunderlich, wegen der hohen Kosten für die etwa 16 kg schweren Endgeräte und der hohen Gebühren für die Dienste.

Die Weiterentwicklung des *A-Netzes* führte 1972 zur Einführung des *B-Netzes:* Jetzt war die Handvermittlung durch das Fräulein vom Amt nicht mehr nötig, die Selbstwahl möglich. Um einen Teilnehmer anrufen zu können, musste allerdings sein Standort bekannt sein.

Die Weiterentwicklung des Mobilfunks führte 1985 zur Einführung des *C-Netzes*, das den Übergang vom fest installierten Autotelefon zum nun tragbaren Mobiltelefon ermöglichte. Nun musste auch der Standort des Teilnehmers nicht mehr bekannt sein; er wurde automatisch ermittelt. Das C-Netz übertrug zwar weiterhin die Sprache mittels analoger Funktechnik, Vermittlungs- und Steuerinformationen waren aber bereits digital. Durch die mit dem C-*Netz* eingeführten Kleinfunkzonen bzw. -zellen (2 bis 3 km statt vorher 150 km) ließen sich die Gespräche weiterleiten, wenn sich der Mobilfunkteilnehmer während des Telefonats von einer Funkzelle zur nächsten bewegte (Handover). Dadurch konnte die Sendeleistung der Telefone verringert werden, was zu bequemer tragbaren Mobilfunktelefonen (Portables) mit immer noch langer Antenne und angeschlossenem Telefonhörer führte. Die Gebühren hatten sich soweit verringert, dass die schnell wachsende Schar der Nutzer das
C-Netz an die Grenze seiner Kapazität brachte. Mit der Einstellung des *C-Netzbetriebs* im Jahre 2000 war auch das Zeitalter des *Mobilfunks der* ***1. Generation,*** nämlich der *A-, B- und C-Netze,* beendet.

Die schon früh erkennbaren technologischen Grenzen des *Mobilfunks der 1. Generation* führten schon 1992 zur Einführung des digitalen „**G**lobal **S**ystem for **M**obile Communications“ *(GSM)*. Auf Basis dieser Technologie startete 1992 der *Mobilfunk der* ***2. Generation*** mit den *D- und E-Netzen*. Im Gegensatz zum *Mobilfunk der 1. Generation* erfolgt hier die Kommunikation komplett digital. Durch die Einführung dieser beiden flächendeckenden digitalen Mobilfunknetze konnte die benötigte Batterieleistung der Mobiltelefone und damit auch deren Größe erneut vermindert werden. In den 90er Jahren explodierte der Handy-Markt förmlich, angetrieben durch die Kommunikationsfreudigkeit der Bevölkerung. Die Weiterentwicklung der der *GSM-Technologie* machte qualitativ gute Sprachübermittlung, Datendienste wie SMS, Fax oder Notebook-PC-Anbindungen sowie die mobile Internetnutzung verfügbar.

Die Anzahl der von der Bundesnetzagentur zur Verfügung gestellten Frequenzen für die Mobilfunknetze ist beschränkt. Gleichzeitig nimmt aber neben der Sprach- auch die Datenübermittlung immer mehr an Umfang zu. Dieses führte zur Einführung des Mobilfunkstandards *GPRS* (General Packet Radio Service), bei dem das *GSM-Funkverfahren* um einen Paketdatenkanal erweitert wurde. Dieser erlaubt die Übertragung digitaler Daten parallel zur Sprachübertragung. Dadurch werden sowohl direkte Schnittstellen zum Internet geschaffen als auch eine enorme Beschleunigung der Datenströme erzielt. Bei dieser Technik werden die Daten nicht als große, vollständige Dateien übertragen, sondern es erfolgt eine Zerlegung in kleine Datenpakete, die zum Empfänger gesendet und dort wieder zusammengesetzt werden. Dadurch lassen sich die auch von *GPRS* genutzten Frequenzen der *GSM-Mobilfunknetze* wesentlich besser ausnutzen. Natürlich war es naheliegend, neben den Daten nun auch die Sprache in Datenpaketen zu übermitteln.

Mit der Einführung des *UMTS-Standards (Universal Mobile Telecommunications System)* im Jahre 2004 startete der *Mobilfunk der **3. Generation***. Durch *UMTS* sind die technischen Grundlagen zur Übermittlung großer Datenmengen bei gleichzeitig stark beschleunigtem Datenaustausch geschaffen worden. Da nun ein sehr großer Frequenzbereich (1,9 – 2,17 Ghz statt vorher 0,9 – 1,8 Ghz) für Daten und Sprache zur Verfügung steht, wird *UMTS* auch als Breitbandtechnik bezeichnet, die vielfältige neue multimediale Anwendungen ermöglicht. Aufgrund der hohen Datenraten sind die Voraussetzungen für den schnellen *Zugriff auf das Internet* oder für die Übertragung bewegter Bilder auf das Mobiltelefon geschaffen worden. Das Handy bzw. Smartphone ist zur universell einsetzbaren, mobilen Kommunikationsplattform geworden. Der mobile Datenverkehr, wen wundert‘s, steigt weiterhin aufgrund seiner Beliebtheit. Die Experten sagen, dass das gesendete Datenvolumen sogar exponentiell wächst. Die Mobilfunkanbieter müssen also immer effizienter mit den ihnen zur Verfügung stehenden Frequenzbändern umgehen.

Mit der Einführung der ***L**ong **T**erm **E**volution Technik (LTE-Technik)* als neuer Mobilfunkstandard durch einige Mobilfunkanbieter im Frühjahr 2011 beginnt das Zeitalter des *Mobilfunks der* ***4. Generation***. Diese Technologie basiert auf den Grundlagen der aktuellen Techniken des *Mobilfunks der 3. Generation*, nämlich auf den zellular aufgebauten *GMS*- und *UMTS*-Netzwerken. Die *LTE-Technik* ermöglicht im Vergleich zu diesen aber eine erhebliche Steigerung der Datenübertragungsrate (bis zu 100 Mbit/s) und auch sehr kurze Antwortzeiten, was auf die Einführung einer Bündelung mehrerer benachbarter Frequenzbänder beruht. Darüber hinaus benötigt die *LTE-Technik* nur noch etwa ein Drittel der Sendeleistung der *UMTS-Technik*, was zu einer verlängerten Akkulaufzeit der Handys und Smartphones führt.

Blicken wir noch einmal zurück auf die Technik des *A-Netzes* im Jahre 1958. Die dem damaligen Teilnehmer zur Verfügung stehenden Endgeräte wogen etwa 16 kg und waren auch aufgrund ihrer großen Abmessungen äußerst unhandlich. Die heutigen Handys oder Smartphones sind sehr handlich und wiegen nur noch etwa 0,14 kg! Sie verfügen zudem über eine wesentlich höhere Kommunikationsvielfalt bei wesentlich geringeren Gebühren.

Welche technologischen Entwicklungen bzw. Innovationen führten zu einer solch drastischen Verkleinerung und Gewichtsreduktion des Handys bzw. des Smartphones? Einen Einblick erhalten wir, wenn wir uns die einzelnen Komponenten einmal ansehen, aus denen ein Smartphone heute zusammengebaut ist. Hier ist Hightech auf kleinstem Raum integriert, was Handy und Smartphone zu Multifunktionsgeräten macht.

Die modernsten Smartphones nutzen insgesamt fünf verschiedene Funktechniken – fünf verschiedene Frequenzbereiche. Siehe *DIE ZEIT* Nr. 27 vom 30. Juni 2011: *Smartphone von innen*[35]. Im Nahbereich soll die Nearfield Communication (NFC) es künftig ermöglichen, mit dem Smartphone an der Kasse zu bezahlen. Die Bluetooth-Technik kommt etwa in Freisprecheinrichtungen und Radios im Auto zum Einsatz. Und per WLAN verbindet sich ein Gerät mit dem heimischen Router und stellt so den Zugang zu einem schnellen Breitband-Internetanschluss her. Im Mobilfunkbereich sind es vor allem die Standards GSM und UMTS, die das Telefonieren und mobile Internetanwendungen möglich machen. Und per GPS (Global Positioning System) kommunizieren moderne Smartphones mit Ortungssatelliten, um die Position des Teilnehmers zu bestimmen und im Straßenverkehr zu navigieren.

Das Gerät verfügt über Sensoren, mit denen es Informationen über seine Umgebung sammelt. Ein Gyroskop erfasst z. B. die Lage im Raum, ein Beschleunigungsmesser misst die Bewegungen, und ein Magnetometer ermittelt anhand des Erdmagnetfeldes die Himmelsrichtungen. Ein Näherungssensor spürt, ob sein Nutzer das Telefon am Ohr hält – der Bildschirm schaltet dann automatisch ab. Das verhindert versehentliche Eingaben und spart elektrische Energie. Eine Fotodiode misst zudem die Stärke des einfallenden Lichts und regelt dementsprechend die Helligkeit des Displays. Die hochverdichtete Bauweise der Smartphones lässt sich nur durch eine extreme Miniaturisierung der Sensoren erreichen. Die Miniaturisierung sowohl der Sensoren als auch der Kameras, der Lautsprecher und der Mikrofone greifen die Ingenieure auf die Technologien der Mikroelektronik und Mikrosystemtechnik zurück. Die größten Komponenten der Smartphones, die man noch weiter verkleinern könnte, sind heute der Akku und die WLAN-Antenne.

Um den technischen Fortschritt in den letzten 25 Jahren beim Handy bzw. Smartphone zu würdigen, ist folgendes Gedankenexperiment spannend: Wie groß bzw. wie schwer wäre 1985 ein Handy bzw. ein Smartphone mit der heutigen Leistung gewesen? Zwei Digitalkameras hätten in eine simple Einkaufstasche gepasst, der Touchscreen-Bildschirm wurde das erste Mal 1983 von HP vorgestellt – als Kathodenstrahloszillograph (erinnern Sie sich an die alten TV Bildschirme?). Jetzt benötigen wir bereits einen Schubkarren, um ihn mobil zu machen! Das *iPhone4* ist ein mobiler Computer, sein Herzstück ist ein Prozessor mit einer Leistung von 1000 MIPs (Millionen Instruktionen pro Sekunde)! 1985 wurde diese Leistung nur von den schnellsten Großrechnern erreicht – z. B. der Cray X-MP! Nun benötigen wir einen Lastwagen, um das Smartphone mit der Technik von 1985 mobil zu machen! ... Siehe den *New Scientist No 2834 (2011)*[36].

Einer der größten Fortschritte auf dem Gebiet der Nachrichtentechnik hat sich fast unbemerkt von Otto Normalverbraucher vollzogen: Die einzigartige Verbesserung der Qualität von Handy-Gesprächen: Sie sind heute weitgehend frei von Rauschen! Dies wurde erreicht durch eine dramatische Verbesserung der Kodierungstechnik – das sogenannte *Turbo-Encoding* (1993 Claude Berrou und Alain Glavieux). Mit dieser Technik erreicht man fast die – als unerreichbar angesehene – Shannon-Grenze für störungsfreie Datenübertragung! Praktisch bedeutet dies, dass man nun entweder mit geringerem Leistungsverbrauch übertragen kann oder mit größerer Geschwindigkeit, bei gleichem Verbrauch wie bisher. Siehe *New Scientist No 2834 (2011)*[37].

Die Anwendungsformen von *Notebook, Netbook und Tablet-PC* sind heute ebenfalls vielfältig: Telefonieren über das Internet, Webcam, Internet, Fernsehen, Video, Musik, Office Anwendungen etc. Wie unterscheiden sich Smartphone und Notebook eigentlich noch? Mit dem Smartphone kann man besser fotografieren und filmen, mit dem Notebook kann man besser Dokumente schreiben und in einem Aktenschrank (Festplatte) speichern, und wegen des großen Bildschirms sind auch Spiele attraktiver.

Diese Unterschiede verwischen sich aber inzwischen: Mit der Spracheingabe und Spracherkennung ergibt sich u.a. die Möglichkeit, auch mit dem Smartphone als phonetischer Schreibmaschine Dokumente zu erstellen. Mit Cloud-Computing oder Network Attached Storage (NAS) ergibt sich die Möglichkeit, große Datenmengen und Programme auf einem Server-Computer in weiter Ferne zu speichern – ohne PC Festplatten oder teure USB-Sticks! Kann das Smartphone erst einmal einen großen Bildschirm steuern, wird es sich auch für Spiele gut eignen. Ein Hindernis ist momentan die „sperrige" Grafikkarte, die vielleicht in den großen Bildschirm integriert werden müsste.

Der Trend geht also dahin, dass *Smartphone und Notebook bzw. Tablet PC* zu einem echten Multimediagerät, d. h. zu einem *Mädchen für alles,* zusammenwachsen!

Die drei Entwicklungen, die dies begünstigen, seien noch einmal zusammengefasst: 1) die Möglichkeit, riesige Datenmengen per Glasfaser zu übertragen, bis hin zum Sendemast, dann geht es drahtlos (wireless) weiter, 2) *Cloud computing*, durch das man große Datenmengen (auch ganz persönliche Daten) nicht vor Ort speichert – sondern auf einem Servercomputer in weiter Ferne. Die hohen Übertragungsgeschwindigkeiten machen es möglich: die Daten stehen immer rechtzeitig zur Verfügung, auch wenn sie in weiter Ferne gespeichert sind. Eine Alternative ist NAS, bei dem der Speicher zuhause steht und dennoch von außen mit dem Smartphone angesprochen werden kann. 3) die Spracherkennung, die eine schnelle Eingabe von Befehlen, Anfragen und auch Texten ermöglicht.

Nicht nur in der Technik, auch in der Kunst bewirken Synergien manchmal kreative Sprünge. Wir haben in Abschnitt 3.18 zwei Beispiele aus der Musik besprochen. Zur Synergie in der Unternehmensführung siehe Seite 176.

3.12 Entdecke starke Parameteränderungen! Vielleicht ist es ein genaues Messverfahren?

Entdeckt man in der Umwelt einen Moiré-Effekt, ist man sehr erstaunt, wie schnell sich die sichtbare Überstruktur wandert, wenn man sich selbst nur ein wenig gegenüber dem Gegenstand bewegt, der die Moiréstruktur zeigt! Oder wenn sich eines der beiden Gitter, die die Moiré-Struktur hervorrufen, ein wenig bewegt. Dies bedeutet, dass man den Moiré-Effekt technisch nutzen kann, um kleinste Positionsänderungen genau zu detektieren!

Einer von uns ist immer erstaunt, wenn er die horizontalen Bretter von Viehzäunen im Licht der tiefstehenden Sonne betrachtet: Kleinste Abweichungen von der geraden Linie zeichnen sich mit unglaublicher Deutlichkeit ab! Diese Beobachtung inspiriert zur Nutzung des Effektes als Messverfahren: Tatsächlich haben wir bei IBM in der Chipfertigung streifend einfallendes Licht benutzt, um kleinste störende Partikel auf der Waferoberfläche zu detektieren, die sonst nicht sichtbar waren – ein bekanntes, einfaches und sehr wirkungsvolles Verfahren!

Eigentlich könnte man dieses Prinzip auch in Abschnitt 3.6 einordnen: Es geht ja darum, die Umwelt aufmerksam zu beobachten!

3.13 Neues Gebiet: Warum nicht alte Erfahrungen einbringen?

Wenn man ein neues Gebiet der Technik „betritt", können Erfahrungen aus anderen Gebieten der Technik, die man bereits gut kennt, hilfreich sein.

Als einer von uns als Neuling das Gebiet der Magnetplatten-Speichersysteme „betrat", kamen ihm Kenntnisse aus der Maschinentechnik zugute. Ihm war die Technik der Luftlager bekannt, bei denen zwei kreisrunde Flächen einander gegenüberstehen, von denen eine Spiralrillen trägt.

Es war fast naheliegend, diese Anordnung auf das System Magnetkopf/ Magnetplatte zu übertragen, um das Flugverhalten des Magnetkopfs über der Magnetplatte zu steuern. Beim Start des Systems war einerseits ein schnelles Abheben des Magnetkopfs (möglichst kurzzeitiges Schleifen auf der Platte) wünschenswert, andererseits ein anschließendes behutsames Einschwenken auf eine niedrige Flughöhe. Dies ließ sich entweder durch Formgebung und

Strukturierung der Keramikkufen des Magnetkopfs erreichen oder durch Strukturierung der äußeren Start/Stop-Spur der Magnetplatte *(Abb. 23: Luftlager und Anwendung bei Magnetplatten).*

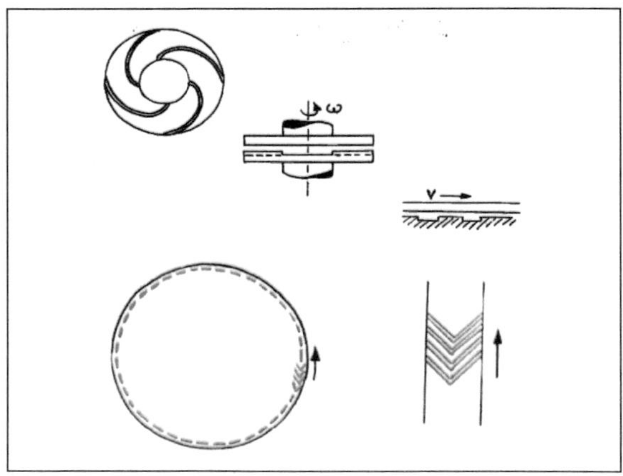

Abb. 23: Spiral-Luftlager (oben)

Anwendung bei der Start/Stop-Spur der Magnetplatte (unten)

3.14 Neue Verfahren ermöglichen überraschende neue Anwendungen

Werden neue Verfahren zu bestimmten Zwecken erfunden, ergeben sich im Nachhinein oft eine Fülle von *Sekundäranwendungen.* Zwei exzellente Beispiele dafür sind der LASER und das Internet.

Der LASER war zunächst nur eine neue Lichtquelle für Wissenschaftler, die sich durch eine starke Bündelung des Lichtes (Lampe mit engem Öffnungskegel) und durch Einfarbigkeit (Monochromasie) auszeichnete. Schwieriger zu verstehen ist eine Eigenschaft, die Kohärenzlänge genannt wird und bedeutet, dass die Interferenzfähigkeit dieses Lichtes hoch ist: Spaltet man einen LASER-Lichtstrahl z. B. durch ein Prisma auf, dann können die beiden Teilstrahlen sehr verschieden lange Wege durchlaufen und werden bei Wiedervereinigung immer noch interferenzfähig sein.

Wir alle kennen heute viele Anwendungen des LASERS z. B. im kommerziellen Bereich: In jedem Supermarkt wird der Barcode (in dem der Preis der Ware verschlüsselt ist) mit einem LASER abgelesen. Hierbei wird die starke Bündelung des Strahls ausgenutzt.

Jeder CD-, DVD- oder Blu-Ray-Spieler arbeitet mit einem LASER, der das Reflektionsvermögen der Disc-Oberfläche mikroskopisch genau abtastet. Musik oder Bilder sind digital verschlüsselt. Es muss zwar nur zwischen „0“ und „1“ unterschieden werden, d. h. zwischen geringer Reflektion und starker Reflektion, aber mit extrem hoher lokaler Auflösung! Die Bitgröße ist nämlich extrem klein – kleiner als ein Mikrometer. An die Steuerung des LASER-Kopfes über der Disc werden dabei extrem hohe Anforderungen gestellt.

Um den feinen Fokus zu erhalten, muss die Linse dauernd nachgeführt werden – durch eine Tauchspule. Sie zittert gewissermaßen, um den Abstand zur Disc-Oberfläche und damit den Fokus konstant zu halten. Auch die Spur (Breite < 1 Mikrometer) muss ganz korrekt eingehalten werden. Dazu wird der Schreib/Lesekopf in radialer Richtung gesteuert. Auch beim CD-, DVD- und Blu-Ray-Spieler wird also die Möglichkeit genutzt, dass der Laserstrahl auf einen extrem kleinen Lichtfleck gebündelt werden kann *(Abb. 24: Fokuskontrolle und Spurkontrolle beim DVD-Spieler).* Bei Blu-Ray-Systemen sind die Anforderungen am höchsten.

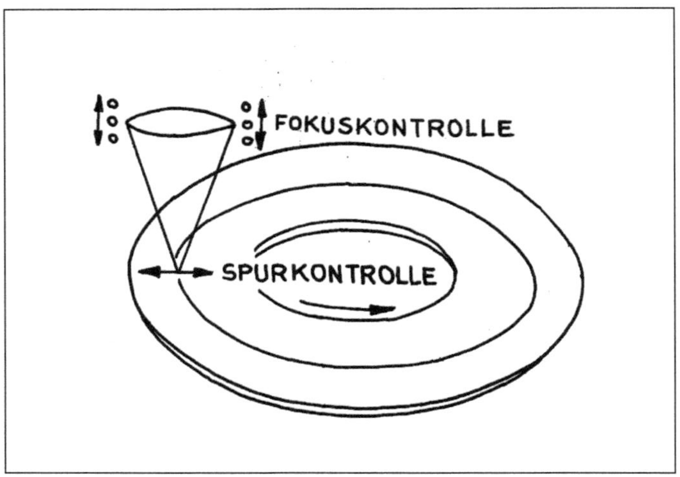

*Abb. 24: Fokuskontrolle und Spurkontrolle beim DVD-Spieler**

In der Medizin wird der LASER sowohl zu diagnostischen wie zu therapeutischen Zwecken eingesetzt. So sind z. B. Operationen, und zwar unblutige Gewebeschnitte, mit dem LASERstrahl möglich. Bei minimal-invasiven Operationen sind immer LASER und Glasfaser beteiligt, manchmal nur zur Überwachung, manchmal aber auch zum Eingriff.

In der Chip-Siliziumtechnologie wird die Herstellung feinster Strukturen, die z. B. hohe Speicherchipdichten von 4 GBit für PC-Hauptspeicher (nicht zu verwechseln mit der Digitalkamera) ermöglichen, mit einem LASER zustande gebracht, der mit UV-Licht arbeitet, da sich mit UV-Licht – wegen der kurzen Wellenlänge – besonders feine Strukturen herstellen lassen.

* Die Abbildung hat freundlicherweise Herr Dr. Arwed Brunsch zur Verfügung gestellt.

Selbst in der Umwelttechnik, die ja zur Bewältigung der immer drängender werdenden Umweltprobleme neue Technologien generieren muss, hat der LASER als ein höchst leistungsfähiges Gerät Einzug gehalten. Die Erfinder, die mit Hilfe eines UV-LASERs das Recycling von Kunststoffgetränkeflaschen aus PET entwickelt haben, waren im Jahre 2010 mit dem Projekt „LASERlicht findet Werkstoffe – Ressourcen für unsere Zukunft“ unter den drei Nominierten für den „Deutschen Zukunftspreis (Preis des Bundespräsidenten für Technik und Innovation)“. Der kreative Gedanke dieser Recyclingmethode führte zu einer geschickten Kombination eines UV-LASERS und eines Spektralanaysators mit einem Computer, der über eine sehr hohe Rechenleistung verfügt. Der nachgeschaltete Sortierer trennt dann die Fremdstoffe von den Gutstoffen. Den Erfindern schwebt schon der nächste Schritt vor, nämlich die Erweiterung der Methode auf das Recycling von zerkleinerten Kunststoffabfällen von Computergehäusen, Druckern, TV-Geräten und Haushaltsgeräten, sowie von Abfällen aus der Autoverwertung wie Armaturenbretter oder dem Inneren von Autos.

Das ***Internet*** ist ein neues Medium, das es erlaubt, viele bekannte Tätigkeiten in völlig neuer Weise, meist besser und schneller, durchzuführen. Hier wird viel Kreativität entwickelt, da die Business Chancen extrem groß sind! Die vom Datentransfer im Internet abgedeckten Bereiche sind vorzugsweise Entertainment, Information, Kommunikation und Kauf/ Verkauf bzw. Werbung. Jeder weiß: Wir benötigen einen Zugang, der Geld kostet – über die Telefonleitung oder auch drahtlos, und einen Browser, der die Webseiten, d. h. die Informationen und Daten aus dem Internet auf unserem PC-Bildschirm darstellt.

Wie hat es mit dem Internet begonnen? Wo stehen wir? Wie wird es voraussichtlich weitergehen?

Der Vorläufer des Internets wurde in den USA durch die US Luftwaffe initiiert, war ein Netz zwischen Universitäten und Forschungseinrichtungen und wurde im Jahre 1969 verwirklicht. (ARPANET = Advanced Research Project Agency Network). Es wurde vorzugsweise zum Versenden von E-Mails benutzt. Im Jahre 1989 wurde es in Internet umgetauft.

Tim Berners-Lee von der europäischen Forschungseinrichtung CERN, Genf, schlug 1991 die Verwendung eines Hypertextes (Sprache: HTML) vor, um einen problemlosen weltweiten Austausch von Informationen unter Wissenschaftlern zu ermöglichen, und richtete einen Webserver ein. Der erste grafikfähige Browser entstand und das WorldWideWeb.

Die Robustheit dieses Netzes macht aus, dass es keinen zentralen Verteiler der Information gibt. Sie kann über diese oder jene Netzknoten laufen. Fällt einer aus, laufen die Daten über andere Knoten; es gibt keine Unterbrechung, keinen Ausfall.

Betrachten wir zunächst im Bereich *Kommunikation* die Ergänzung und Vereinfachung des Briefversands durch *E-Mail*. Um einen Brief zu schreiben und zu verschicken, benötigte man früher einen Bogen Papier, einen Kugelschreiber (oder eine Schreibmaschine), ein Couvert, eine Briefmarke und einen Briefkasten – zu dem man auch noch gehen oder fahren musste!

Bei der E-Mail benötigt man das alles nicht mehr, nur einen PC bzw. ein Notebook und einen Anschluss zum Internet oder einfach ein Smartphone, das drahtlos Zugang zum Internet hat. Jugendliche verschicken heute meist SMS (Short Message System, d. h. Kurzmitteilung) oder MMS (Multimedia Messaging System, Bildübertragung) per Smartphone. Papier, Kugelschreiber, Couvert, Briefmarke und Briefkasten sind überflüssig. Die E-Mail ist zudem in wenigen Sekunden im elektronischen Briefkasten des Adressaten – vorausgesetzt, er hat ebenfalls einen PC mit Internetanschluss oder ein Smartphone. Und das haben inzwischen die meisten. Sonst muss er sich einen Hotspot suchen oder in ein Internet-Café gehen ... Kein Wunder ist, dass die Kommunikation per (elektronische) Post sich dadurch vervielfacht hat. Nie in der Vergangenheit wurden so viele Briefe geschrieben! Auch wir, die Autoren, empfangen und senden heute pro Monat jeder mindestens 200 E-Mails – Werbung nicht inbegriffen!

Einfacher geht's wirklich nicht. Es sei denn beim Chat, z. B. bei *Facebook*. Im Chat tauscht man schriftliche Informationen sekundenschnell aus – auch mit mehreren Partnern – eine schriftliche Unterhaltung! Das geht sogar noch schneller als mit der E-Mail und ist heute in der Partnervermittlung, auf Foren und in Newsgroups üblich. Der Vorteil gegenüber einem Telefonat: Man hat eine Dokumentation der ausgetauschten Information. Und man kann selbst dann kommunizieren, wenn man heftige Halsschmerzen hat ...

Diese Art von Nachrichtenverkehr über das Internet mittels E-Mails oder Dokumente ist, wen wundert's, eine mächtige Konkurrenz zur Deutschen Post AG geworden. Eine E-Mail ist schneller und gratis, aber auch unsicherer, da sie nicht vor fremdem Zugriff geschützt ist. Die Deutsche Post AG als ein modernes Unternehmen hat nun reagiert und startete im Juli 2010 mit großem Aufwand ein Online-Portal für den gesicherten und verbindlichen elektronischen Briefverkehr, den so genannten E-Postbrief. Die Deutsche Post AG garantiert dabei für die wichtigsten drei Kriterien: Verbindlichkeit, Vertraulichkeit und Verlässlichkeit. Wer diesen Dienst nutzen möchte, muss sich registrieren lassen und hat dann die Möglichkeit, den Schriftverkehr mit Behörden und Versicherungen, aber auch persönliche Briefe von Freunden und Verwandten in einem virtuellen Briefkasten im Internet zu speichern und abzurufen. Sogar Einschreiben sollen zugestellt, Formulare online ausgefüllt und Rechnungen elektronisch bezahlt werden können. Es wird sich zeigen, ob sich ein solches System durchsetzen wird.

Soziale Kontakte oder auch Partner zu suchen ist zwar nicht neu, aber durch das Internet wesentlich einfacher, schneller und in globalem Rahmen möglich geworden. Viele bezeichnen deshalb auch das Internet als die größte globale Kontaktbörse. Auf der größten unter ihnen – Facebook – sollen im Mai 2011 angeblich täglich 6 Milliarden Messages ausgetauscht worden sein! Die Gründer handeln nach dem Prinzip *the winner takes all* und wollen in Zukunft das gesamte SMS- und E-Mail-Geschäft schlucken! Bei einer Partnersuche kann man weltweit agieren, z. B. einen Partner aus Kolumbien oder China kontaktieren. Kenntnisse der englischen Sprache sind dabei hilfreich. Es geht jedoch auch mit Online-Übersetzungen direkt im Internet aus der einen Sprache in die andere – falls man E-Mails verschickt und nicht etwa den schnelleren Chat wünscht! Vermutlich wird aber demnächst auch ein Chat möglich sein, bei dem die Eingabe z. B. in Deutsch erfolgt und die Ausgabe in Chinesisch.

Beim Massenphänomen ***„Soziale Netzwerke“*** handelt es sich aus der Sicht der Informatik um Netzgemeinschaften (Online-Communities), die in Internet-Portalen beherbergt werden. Online-Communitys haben in den letzten Jahren explosionsartige Verbreitung gefunden; sie erschließen sich immer neue Mitgliederkreise. Die beliebtesten Netzgemeinschaften in Deutschland sind die VZ(Verzeichnis)-Sites *StudiVZ, SchülerVZ* und *MeinVZ* sowie *Wer-kennt-wen.de* und natürlich *Facebook.* Weitere Netzgemeinschaften sind *XING*, das ursprünglich nur für geschäftliche Kontakte genutzt wurde, und *TWITTER*, das den Unternehmen und Pressemedien als Plattform zur Verbreitung von Kurznachrichten dient. *LinkedIn* ist ein webbasiertes soziales

Netz zur Pflege von Geschäftsverbindungen. Im Jahre 2003 gegründet, hatte es im Jahr 2010 einen Umsatz von ca. 250 Mio $ und wird an der Börse im Jahre 2011 mit 8000 Mio $ bewertet! Das größte globale soziale Netz *Facebook* kommt bei einem Jahresumsatz (2011) von 2.500 Mio $ auf einen Börsenwert von ca. 60.000 Mio $. Die nächste Internetblase ist offenbar im Entstehen …

Die Internet Technologie hat zu den größten Veränderungen in der Kommunikations- und Informationswelt geführt und einen frenetischen Zuspruch erfahren: Seit dem Jahr 2008 nutzen mehr als die Hälfte aller Bürger der Europäischen Union das Internet. Es war natürlich nur eine Frage der Zeit, dass sich junge kreative Studierende, insbesondere in den USA, dieses weltumspannenden Netzwerks bedienten und neue Anwendungen erfanden. Diese Anwendungen führten in den folgenden Jahren zur Gründung von Internetunternehmen, die auf Ideen wie der Einführung von Suchmaschinen (Google, Yahoo etc.) basierten. Diese brachten ihren Gründern immensen Reichtum, sowie Anerkennung und vermutlich auch das Gefühl, auf der Welt etwas bewegt zu haben. Hier lässt sich sehr klar erkennen, dass eine der Haupttriebkräfte zur Beflügelung der Kreativität der zu erwartende finanzielle Gewinn ist, was ja auch nicht unbedingt verwerflich ist.

In ***Suchmaschinen*** wird man an Stellen im Internet geleitet, die Informationen anbieten – zu dem mich interessierenden Thema! Man muss also die Internetadresse des betreffenen Anbieters nicht selbst kennen. So erhält man Informationen über Fahrpläne der Bahn, Flugpläne der Airlines, kulturelle Angebote zuhause oder in Paris und kann im Online Telefonbuch blättern. Weltweit!

Man kann übrigens auch seine Steuererklärung im Internet machen oder seine Konten bei der Bank online verwalten.

Das größte Informationsangebot im Internet bietet das ***Lexikon Wikipedia.*** Das Überraschende ist, wie wir in Abschnitt 3.5 bereits berichtet haben, dass jedermann daran mitschreiben kann und dennoch etwas Brauchbares daraus geworden ist! Die Artikel dieser modernen Online-Enzyklopädie werden von der weltweiten Autorengemeinschaft unentgeltlich, werbungsfrei und praktisch ohne Management erstellt.

Natürlich kann man auch einkaufen im Internet: Fernseher, Digitalkameras, Tickets für Konzerte, für die Bahn und für Flüge. Wobei es inzwischen keine

Flugtickets mehr gibt – eine gewaltige Erleichterung! Der Personalausweis reicht beim Check-in am Flughafen aus! Man fragt sich unwillkürlich, warum es nicht längst überall so gemacht wird – z. B. bei der Bundesbahn!

Eine interessante Internet-Anwendung hat einer von uns durch einen Freund, einen Piloten kennen gelernt – die weltweite Flugsimulation. Hier tummeln sich Piloten mit Flugzeugen ihrer Wahl überall auf dem ganzen Globus – auf Flughäfen und in der Luft. Und sie begegnen auch einander und kommunizieren als Piloten miteinander. Es kann auch mal zu einer Attacke eines Flugzeugs auf ein anderes kommen. Es ist tatsächlich wie ein Leben in einer parallelen Welt – ein *second life*. Kein Wunder, dass manch einer danach süchtig wird.

Neue Geschäftsideen fürs Internet gibt es in Hülle und Fülle: Viele Menschen halten es für begrüßenswert, die Vergabe von Krediten ohne Banken zu organisieren oder die mächtige Rolle des Staates und der Zentralbanken beim Geld einzuschränken (durch Einführung einer *Bitcoin*). Es gibt bereits erste Versuche; siehe *New Scientist No 2815 (2011)*[38]: Virtual money gets real. Das Risiko bei Krediten könnte man z. B. einschränken durch Vergabe des Geldes von einem Gläubiger an mehrere Schuldner, d. h. eine Kreditstreuung.
Die Erfindung der Digitalkamera hat die Fotografie revolutioniert. Durch sie wurde z. B. eine einfache nachträgliche Bildbearbeitung und eine bequeme Speicherung der Fotos auf dem eigenen PC möglich. Nimmt man Internet und Digitalkamera zusammen, so ergibt sich eine neue einfache Art der Bildübertragung von einem Ort zum andern und eine neue Art, Business zu generieren. EBAY hat es vorexerziert: Nun wurde ein einfacher weltweiter Handel, ein Online-Versandhaus und weltweite Online Secondhand-Shops – ja sogar die Versteigerung gebrauchter Artikel möglich! Man fotografiert den Artikel, den man anbieten möchte, mit der Digitalkamera und schickt das Bild zur Versteigerung des Artikels an Ebay – in ein globales Schaufenster! Warum braucht man dazu noch Ebay? Weil sich auf der Ebay-Website Millionen potentieller Kunden tummeln! Konkurrenten für Ebay gibt es deshalb so gut wie nicht. Ebay war der Schnellste: *The Winner takes all!* Das Zusammenwirken aller dieser genannten Erfindungen hat riesige Business-Chancen ermöglicht.

Selbst Betteln ist erfolgversprechend im Internet möglich: Im Jahre 1999 versuchte einer von uns eine Website zu generieren, auf der er für einen Bekannten, einen armen alten Mann, um finanzielle Unterstützung bat! 500 DM kamen zusammen; es war also keine Erfolgsstory. Zwölf Jahre später, im

Jahr 2011, gab es eine – diesmal sehr erfolgreiche – ähnliche Story in den USA: Ted Williams bettelte, am Straßenrand, um Arbeit! Ein Journalist sah ihn, hielt sein Auto an, machte eine Video-Aufnahme mit Ton und lud das Video auf YouTube hoch – Titel *GoldenVoice*. Ted Williams hatte nämlich eine schöne Singstimme! Das Video wurde in kürzester Zeit millionenfach angeklickt und wurde zum Video des Jahres 2011. Ted erhielt nicht nur einen Arbeitsvertrag, sondern wurde ein Medienstar! Quintessenz: Wenn man sich im richtigen globalen Schaufenster präsentiert, das von vielen besucht wird, dann kann man wirtschaftlich sehr erfolgreich sein!

Wie groß die Möglichkeiten sind, schnelles Geld im Internet zu machen, lässt sich am Internetunternehmen *Groupon* sehr gut studieren: Es bringt lokale Schnäppchenjäger und lokale Anbieter von Waren und Dienstleistungen zusammen, d. h. es verkauft Rabatt-Gutscheine im Internet. Die Anbieter spielen beim Anbieten weit unter Preis mit, da sie zum einen hoffen, neue Stammkunden zu gewinnen, zum anderen, dass der Kunde mehr als den Gutschein ausgibt – was bei Restaurants z. B. realistisch sein dürfte. Andrew Mason gründete das Unternehmen *Groupon* im November 2008 in Chicago. Der Umsatz betrug im 1. Quartal 2011 644 Mio $! Im 1. Quartal 2010 waren es noch „magere“ 42 Mio $ gewesen. Damit wächst *Groupon* schneller als Google und Facebook – die sich allerdings auf höherem Niveau bewegen. Ein Jahr nach der Gründung versuchen Dutzende von Unternehmern, das Geschäftsmodell zu kopieren. Besonders erfolgreich dabei sind drei Deutsche – die Brüder Samwer. Sie gründeten *MyCityDeal*, das schon im Mai 2010 von *Groupon* übernommen wird. *Groupon* zahlt mit Aktien. Der Börsengang steht unmittelbar bevor; der Börsenwert von *Groupon* wird auf über 15 Mrd. $ geschätzt! … Details finden Sie in der *ZEIT Nr.24 (2011)*[39]. Dieses Beispiel würde natürlich auch gut in den Abschnitt 3.17 *Kopieren – Lernen – Neues generieren* passen.

Eine weitere leistungsfähige Anwendung des Internets ist die so genannte ***Fernwartung*** über das „Virtuelle private Netzwerk“ (VPN, Virtual Private Network). Dabei wird unter Fernwartung der Fernzugriff von technischem Personal auf Systeme zu Wartungs- und Reparaturzwecken verstanden. So lassen sich beispielsweise von Hamburg aus weltweit neben Telefon- und Industrieanlagen zunehmend auch Computer aus der Distanz warten. Der große Vorteil dieser Methode liegt nun darin, dass über große Entfernungen hinweg auf Computer in anderen Netzwerken zugegriffen werden kann, ohne dass das Support-Personal vor Ort sein muss. Der Support kann zeitnah ohne Reisezeit und Reisekosten durchgeführt werden. Diese Vorgehensweise nutzen Softwarefirmen, um ihre Anwendungen bzw. ihre Produkte bei den Kunden zu warten und bei Problemen einen direkten Zugriff auf Log-Files und Datenbestände zu haben. Im privaten Bereich ist dies über die kostenfreie Software *Teamviewer* ebenfalls möglich

Eine weitere, sehr häufige Verwendung von VPN ist die Einwahl in das Firmennetzwerk von unterwegs oder im Home-Office. Dadurch wird dann beispielsweise der Zugriff auf den E-Mail Account oder auf Dokumente ermöglicht, die sich nicht auf dem eigenen Computer befinden. Letztendlich ist es über VPN auch möglich, Unternehmensstandorte ohne eine Standleitung miteinander zu verbinden.

Die Internet-Technologie hat global überraschende Konsequenzen: Jeder Mensch auf dieser Erde erfährt nun, wie die anderen leben: Die Armen und die Hungrigen erfahren, wie die Reichen und die Schlemmer leben. Die in einer Diktatur ohne Freiheiten leben, erfahren nun, dass andere Demokratie und Freiheiten haben! Das hat unter anderem 2011 zu den Revolutionen in Nordafrika (Ägypten, Tunesien und Libyen) und in Syrien und im Jemen geführt. Diese Entwicklung dürfte unaufhaltsam sein.

Eine der großen Internet Innovationen der letzten Jahre ist das ***Cloud-Computing***. Viele kennen es durch die E-Mail: Die Posteingänge und die gesendeten Mails werden nicht auf dem eigenen PC gespeichert, sondern auf einem fernen Server (oder mehreren), von dem sie bei Bedarf heruntergeladen werden. Man hat also jederzeit von allen Geräten (Smartphone, Notebook) Zugriff auf seine Daten. Seit sich die Datenraten im Bereich von MB pro sec bewegen, ist dies kein Problem mehr. Manche Firmen speichern auf diese Weise alle Ihre Informationen in der „Cloud". Sie benötigen damit keine eigenen Massenspeicher mehr, keine Festplatte; die betreffende Firma existiert praktisch nur in der „Cloud". Es stellt sich natürlich bei einem solchen Verfahren die Frage nach der Datensicherheit und der Allzeitverfügbarkeit!

Wie wird es voraussichtlich weitergehen? Die nächste Innovation, die wir erleben, ist bereits voll im Gange – das *„Internet der Dinge":* Sensoren bzw Computerchips, die in allen möglichen Geräten und sogar in Menschen implantiert/eingebaut sind (sogenannte ***embedded systems***), kommunizieren mit der Cloud. So werden z. B. Blutzuckerwerte eines Diabetikers gemessen, und die richtige Insulinmenge wird dann über die Cloud dosiert – ohne dass noch ein Mensch eingreift! Auch hier stellt sich natürlich die Frage nach der

Zuverlässigkeit und der Allzeitverfügbarkeit. Stört ein Hacker diese Kommunikation auch nur kurzzeitig, könnte dies verheerende Folgen haben.

Die *ZEIT* berichtet in ihrer Ausgabe *Nr.32 (2011)*[40] vom *Kontrollverlust* bei embedded systems: Autofirmen bieten z. B. eine Grundversion eines Autos an, auf dem aber schon die Software für einen größeren Funktionsumfang installiert ist, den der Kunde auf Wunsch erwerben kann. Clevere Kunden knacken (*hacken*) aber den benötigten Code, der im Internet herumgereicht wird, und *„motzen“* damit ihr neues Auto unentgeltlich *auf!* ... Man kann sich schlimmere Anwendungen vorstellen: Ein Zugriff auf das Bremssystem eines Autos könnte dieses außer Kraft setzen und den Fahrer, der nicht mehr bremsen kann, töten! Ein perfekter Mord.

Der Zugang zum Internet war zunächst für jeden offen. Offenheit, Vertrauen und Dezentralisierung waren die Kennzeichen des Internets. Sie haben inzwischen zu einer unglaublich großen Zahl von Anwendungen und einem großen weltweiten Zuspruch geführt. Neuerdings gibt es jedoch Bedrohungen für die Offenheit und die Vertrauenswürdigkeit im Internet. Sie kommt aus verschiedenen Richtungen: Vom *Business*, von *Kriminellen* und von *diktatorischen Regimen.*

Die Bedrohung durch kriminelle Hacker ist bekannt: Computerviren gehören inzwischen zum Computer-Alltag, Eindringen in vertrauliche Dateien und deren Missbrauch – bis hin zu Wikileaks – ebenfalls. Auch Beschränkungen des Internet-Zugangs durch totalitäre Regime sind uns bekannt. Weniger bekannt ist, dass Internet-Firmen wie Apple, Google und Amazon das Internet einzuschränken bzw. zu fragmentieren beginnen. Siehe *New Scientist, No 2821 (2011)*[41]. Im „Kundeninteresse“ schränken diese Firmen das Internet für einen speziellen Kunden auf Angebote ein, die mit seinem Kundenprofil gut übereinstimmen. Er sieht dann nur einen Teil des Internets; die Informationen sind gefiltert, ohne dass der Kunde sich dessen bewusst ist. Der New Scientist berichtet, dass die *US Federal Trade Commission* eine Untersuchung zu der Frage eingeleitet hat, ob die Suchresultate in der Google Suchmaschine einseitig bestimmte Firmen bevorzugen und Konkurrenten aussparen …

Die Technologie-Trendsetter Google, Amazon, Facebook und Apple werden versuchen, das Leben der Menschen immer stärker zu durchdringen, sie immer stärker an sich zu binden. Alle vier beschränken sich nicht mehr auf ihr Kerngeschäft, das für Google die Suchmaschine, für Facebook das Soziale Netz, für Amazon der Online Handel und für Apple die dafür benötigten

Geräte waren. Jeder wünscht den Kunden global mit Informationen, Unterhaltung (Musik, Filme, Spiele, Bücher) und Kommunikation zu versorgen. Ein Kampf der Giganten um Marktanteile hat begonnen; sie wissen es – *the winner will take all!* Apples Erfolgsrezept ist Benutzerfreundlichkeit und Schönheit seiner Produkte. Das ist eine Zielsetzung, die der Kunde schätzt: Mit dem neuen iPhone 4S kann man sprechen! Facebook hat gerade *Timeline* initiiert, ein Online Tagebuch, oder besser gesagt eine Lebensdokumentation, in der echtes und virtuelles Leben verschmelzen. Und mit der sich das Kaufverhalten der Kunden global ideal erfassen lässt … Es entsteht der „gläserne Mensch". Der *Spiegel* hat in seiner Ausgabe *Nr.49 (2011)*[42] ausführlich und interessant über die Herrschaft über das Web berichtet, über den Kampf der vier Giganten Apple, Amazon, Facebook und Google um Kunden, vielleicht um die Weltherrschaft?

Am Ende dieses Abschnitts möchten wir noch ein eigenes, ganz anderes Beispiel für *Neue Verfahren ermöglichen neue Anwendungen* aus der IBM Entwicklung präsentieren. Es stammt aus dem Bereich der Magnetplattenspeicher – der Festplatten. Die Gesellschaft für Schwerionenforschung in Darmstadt hatte eine Entdeckung gemacht: Sie hatte gezeigt, dass man durch Bestrahlung von Kunststoffen mit hochenergetischen schweren Ionen (Xenon-Ionen im MeV Bereich) extrem feine Poren in Kunststoffen, also z. B. Filter, herstellen kann. Sie bestehen aus Röhrchen, die einen kleinen Durchmesser von < 1 Mikrometer und gleichzeitig eine relativ große Länge von ca. 50 Mikrometer haben *(Abb. 25: Durch Schwerionen in Kunstsoffen erzeugte Röhrchenstruktur).* Die Abmessungen der Röhrchen lassen sich über den chemischen Ätzprozess in weiten Grenzen einstellen, die Dichte (Anzahl/cm^2) der Röhrchen über die Ionendosis ebenfalls in weiten Grenzen. Siehe *Reimar Spohr, GSI Nachrichten 3/80*[43].

Auf der anderen Seite war IBM gerade dabei, einen Paradigmenwechsel im Bereich der Magnetplatten zu vollziehen – vom konventionellen *Horizontal Recording* zum *Vertical Recording!* Beim Ersteren liegt die Magnetisierung der Bits horizontal in der Magnetplatte, d. h. parallel zu ihr, beim *Vertical Recording* (VR) steht sie senkrecht zur Magnetplatte. Man erreicht mit VR höhere Bitdichten (bits/cm^2). Die neue Struktur der durch Schwerionenbeschuss hergestellten Filterporen eignet sich ausgezeichnet dazu, neue Magnetplatten, geeignet für Vertical Recording, mit höherer Bitdichte herzustellen. Man braucht dazu nur die hartmagnetische Substanz durch einen Plating-Prozess in die Filterporen einzubringen. Sie sehen, dass Erfindungsideen nicht unbedingt bahnbrechend sein müssen oder gar nobelpreisverdächtig. Oft sind es kleine Schritte, bei denen man sich fragt: Wie hoch ist die Erfindungshöhe eigentlich? Ist die *business opportunity* aber groß, wird eine Firma dennoch versuchen, ein Patent zu bekommen und es manchmal auch – überraschenderweise – erhalten!

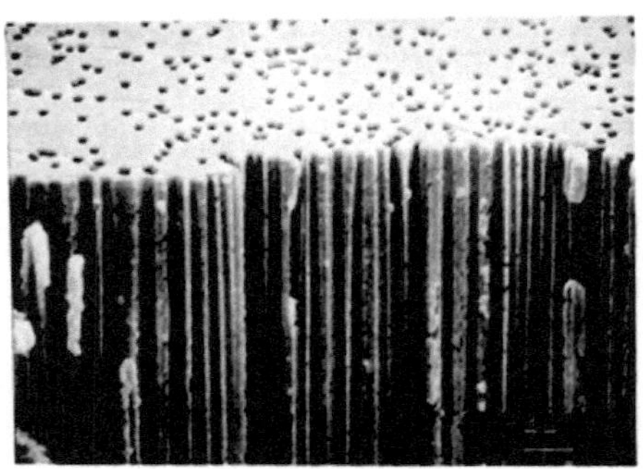

Abb. 25: Durch Schwerionen in Kunststoffen erzeugte Poren

Ein weiteres Beispiel zur Nutzung der Schwerionen-Implantation ergab sich in der Chip-Fertigungstechnologie: Mit hochenergetischen Schwer-ionen kann man nämlich in elektrisch isolierenden Materialien selektiv Schäden erzeugen, während elektrisch leitende Metalle ungeschädigt bleiben. Wo aber konnte das genutzt werden?

Verdrahtungen auf Chips werden hergestellt durch ganzflächiges Aufdampfen einer Metallschicht auf eine Fotolackmaske auf der Siliziumscheibe und anschließendes Entfernen der Bereiche mit Fotolack unter dem Metall *(Abb. 26: Lift-off Prozess bei Metallisierungen von Chips).* Bei diesem Prozess ist die Ablösung des Fotolacks kritisch. Wir haben vorgeschlagen, bei der Strukturierung von Metallschichten auf Chips durch den Lift-off-Prozess am Schluss eine ganzflächige Schwerionen-implantation durchzuführen. Damit sollte die Ablösung des Fotolacks nach der Metall-Deposition erleichtert werden. Der Lack wird nämlich durch die Schwerionen geschädigt, während der Metallfilm unbeeinflusst bleibt. Tatsächlich ist der Lack ein Mehrschichtsystem aus Polysulfon/SiO_x/Fotolack, wobei die Polysulfon-Ablösung besonders schwierig ist.

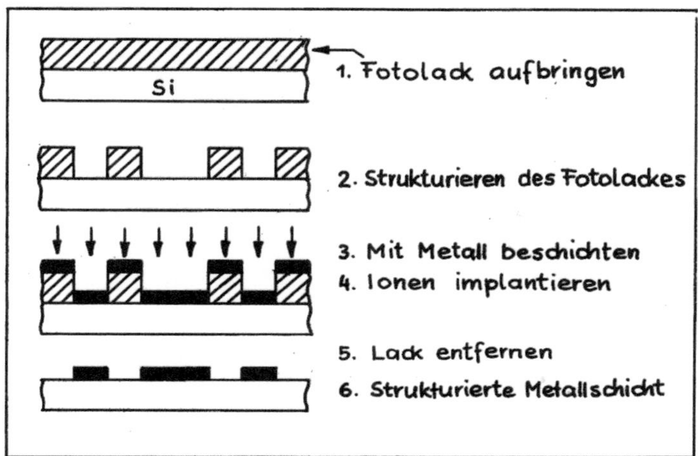

Abb. 26: Lift-Off Prozess bei der Metallisierung von Chips (hier Lackentfernung unterstützt durch Ionenbeschuss)

Als zusätzliches „Bonbon“ war zu erwarten, dass sich die Haftung des Metalls auf den großflächigen isolierenden Bereichen des Chips durch Schwerionenimplantation verbessern würde. IBM hat diesen Vorschlag nicht zum Patent angemeldet, sondern im IBM Technical Disclosure Bulletin publiziert. Die Erzielung eines Patentes erschien tatsächlich fraglich, da die selektive Materialschädigung durch Ioneneinschuss, die hier genutzt werden sollte, bekannt war. Ebenso war die Haftungsverbesserung von dünnen Materialschichten durch Ionenbeschuss bekannt. Immerhin war die Kombination in dieser Anwendung neu und vielleicht auch erfinderisch.

3.15 Nicht verstanden? Erfinde es neu!

Es kommt oft vor, dass man etwas nicht sofort versteht, zum Beispiel, wie funktioniert eigentlich die Datenübertragung? Wieso kann man so viele Daten oder Telefongespräche gleichzeitig übertragen? Wie kann man eine Distanz von 60.000 km, die bei der Satellitenkommunikation zurückgelegt wird, problemlos überbrücken?? Der erste Schritt ist natürlich – Wikipedia befragen! Wenn Wikipedia nicht helfen kann, könnte man nach anderen Websites suchen. Wird man immer noch nicht fündig, ist das gute alte Buch in der

Buchhandlung oder bei Amazon vielleicht auch nicht zu verachten. Bringt das ebenfalls nicht den gewünschten Erfolg, könnte man zum letzten Mittel greifen, sich ein wenig selbstbewusst auf sich selbst verlassen:

Wenn ich nicht weiß, wie etwas funktioniert, warum erfinde ich es nicht einfach selbst neu?? Es könnte sogar sein, dass die Ideen, die mir zufliegen, besser sind als das, was es bereits gibt! Uns, den Autoren dieses Buches, war diese Denkweise manchmal ein Motivator. Sie führt nicht immer zum Erfolg – aber manchmal.

Ein Schulfreund eines der Autoren hatte einmal ein Problem mit dem Verständnis des Welle-Teilchen-Dualismus in der Physik. Er entwarf daraufhin ein neues Modell des Elektrons, das den Vorteil hat, diesen Dualismus aufzuheben. Es gestattet zudem, den Landé-Faktor, eine Naturkonstante, wesentlich einfacher und mit gleicher Genauigkeit zu berechnen als bisher. Der Knalleffekt: In diesem Modell zeigt sich, dass der Landéfaktor *keine* Naturkonstante ist, sondern von der Geschwindigkeit des Elektrons abhängt! Dass dies bei bisherigen Messungen nicht auffiel, könnte daran liegen, dass die Elektronengeschwindigkeiten bei den Messungen stets relativ klein waren, sodass die relativistische Korrektur sich nicht bemerkbar machte.* Das neue Modell steht auf dem Prüfstand!

3.16 Tue bewusst, was alle vermeiden: Der *Eis-Schlittern*-Effekt

Jeder erinnert sich daran: Wenn wir als Kinder im Winter Eisflächen auf der Straße sahen, sind wir auf ihnen „geschlittert" bzw. „gehuschelt", d. h. bewusst über das Eis gerutscht, möglichst weit – und nur selten hingefallen! *(siehe Abb. 27: Absichtliches Rutschen-Schlittern-Huscheln auf Eis).* Erwachsene verhalten sich anders: Sie gehen bei Schnee und Eis ganz vorsichtig, damit sie nur ja nicht rutschen. Dann könnten sie nämlich hinfallen und sich schwer verletzen! Knochenbrüche sind in solchen Fällen nicht selten. Wie ist das möglich? Wie bringt man beides unter einen Hut? Offenbar nimmt die Gefahr hinzufallen ab, wenn man ***das*** bewusst (und kontrolliert) tut, was man eigentlich vermeiden möchte und als Voraussetzung für einen Unfall ansieht – eben das Rutschen. Bewusstes Rutschen ist relativ ungefährlich, unbewusstes plötzliches dagegen höchst gefährlich!

---

* Private Mitteilung Prof. Eberhard Suckert, Dortmund

Abb. 27: Absichtliches Rutschen-Schlittern-Huscheln auf Eis

Dieses Prinzip – genau das zu tun, was die meisten für gefährlich oder schädlich halten – lässt sich auch bei Erfindungen nutzen. Es ist dem Prinzip „Widerlegen von Vorurteilen" ähnlich. Sie erinnern sich an die Erfindung des Supersliders: Man befürchtete, dass beim kurzzeitigen Schleifen eines Magnetkopfes auf der Magnetplatte in der Start-Phase und in der Stop-Phase Schäden auftreten könnten – und testete deshalb in einem Langzeitversuch die Auswirkung von wiederholtem Start und Stop. Erstaunlicherweise zeigte sich aber, dass der Magnetkopf durch häufiges Starten und Landen auf der Platte verbessert wurde! Die Platte hatte allerdings durch den Langzeittest sehr wohl gelitten – es war Abrieb entstanden.

Ein weiteres schönes Beispiel für dieses Prinzip lehrt uns die Blume Strelitza Reginae: Sie ermöglicht es dem Paradiesvogel, ihre Pollen mitzunehmen – zur Bestäubung anderer Blumen. Dabei nutzt Strelitza einen Effekt – den man bei technischen Konstruktionen tunlichst zu vermeiden sucht – BiegeDrillen. Strelitza nutzt BiegeDrillen bei ihren Blättern: Setzt sich der Paradiesvogel auf ihr eingerolltes Blütenblatt, verbiegt sich dieses und öffnet sich gleichzeitig durch das Verbiegen: Es rollt sich auf und gibt die Pollen frei.

Nach dem Prinzip des BiegeDrillens versagen aber andererseits technische Konstruktionen mit T-Trägern: Bei Biegebelastung der Fläche des *T-Daches* kippt die dazu senkrechte Fläche des *T-Standbeins* in die Ebene des *T-Daches*, das Verbiegen wird erleichtert, und es kommt eventuell zum Einknicken des T-Trägers ...

Bei Strelitza tritt kein Versagen durch BiegeDrillen ein, weil die Struktur eines eingerollten Blattes sich von der eines T-Trägers vorteilhaft unterscheidet. Strelitza Reginae dient daher als Vorbild für technische Konstruktionen ohne Scharniere, z. B. bei der Jalousie *Flectofin*. Die einzelnen Elemente der Jalousie drehen sich in die gewünschte Position – je nach Biegebelastung. Wenn diese nicht übertrieben wird, kommt es nicht zum gefürchteten Einknicken. Für *Flectofin* gab es ein Patent und als Auszeichnung den *Techtextil Innovationspreis 2011.*

3.17 Kopiere – Lerne – Generiere Neues (der Japan-Effekt)

Die Japaner haben es den Europäern, insbesondere uns Deutschen, nach dem 2. Weltkrieg vorgemacht: Vor ca. 50 Jahren, als die deutsche Radio/Fernseh-Industrie und die Foto-Industrie noch präsent und tonangebend waren, haben sie begonnen, deren Produkte zu kopieren. Sie haben die Fertigungstechniken erlernt, zunächst Produkte regelrecht nachgebaut, dann aber, nachdem sie gelernt hatten – kreativ weiterentwickelt! Heute sind fernöstliche Länder in diesen Sparten tonangebend; eine nennenswerte europäische Radio-/Fernseh- oder Foto-Industrie existiert nicht mehr. Selbst beim Label *Siemens* darf man getrost davon ausgehen, dass dahinter ein fernöstliches Produkt steckt.

Eine Anmerkung: Die komplexesten Produkte, die Menschen herstellen können, sind nicht etwa Flugzeuge – für deren Fertigung man etwa einen Monat benötigt, sondern Mikroprozessoren für PCs – das Herz aller PCs – deren Fertigung zwei bis drei Monate in Anspruch nimmt. Sie werden heutzutage problemlos in Südkorea und Taiwan hergestellt, also in Ländern, die noch vor kurzem als „Schwellenländer“ galten.

Das Prinzip *Kopieren – Erlernen – Neues generieren* ist also sehr erfolgversprechend. Man kann dies auch in einem nicht-technischen Bereich – bei Gedichten – ausprobieren. Sie haben im Kapitel 2 bereits eine Kostprobe bekommen. Hier folgt eine weitere:

(1) Einer von uns hat sich von Wilhelm Busch anregen lassen, in seinem Stil zu reimen. Er war sogar so unverfroren, Wilhelm Busch einzuladen, gemeinsam mit ihm ein Gedicht zu machen …

Der eiserne Junggeselle

Sokrates, der alte Greis,
Sagte oft in tiefen Sorgen:
„Ach, wieviel ist doch verborgen,
Was man immer noch nicht weiß."

Und so ist es - doch indessen
Darf man eines nicht vergessen:
Dass ohne Wissen hilflos treibt,
Wer ewiglich bleibt unbeweibt!

Alexander war bewusst,
Dass dies der Urgrund seines Frust'.
Sein Cousin Markus war gescheiter,
Und beweibt stets froh und heiter ...

Ging er dagegen abends schlafen,
Träumte er von Paragrafen ...
Ihm ward bewußt: die Zeit flieht schnell,
Mein Gott - Du bist noch Junggesell' ...

Legende: *Wilhelm Busch*[44]: Abenteuer eines Junggesellen
W. Busch – Normal, Holger M. Hinkel – *kursiv*.

(2) Auch berühmte Maler – wie Vincent van Gogh – haben sich des Verfahrens *Kopieren – Erlernen – Generieren* bedient: Sein berühmtes Gemälde *La Sièste,* das im Musée d'Orsay in Paris hängt, wurde von einem Vorgänger – Jean Francois Millet – inspiriert *(Abb. 28).* Es gibt keine Zweifel, wer der Urheber ist: Millet war schon gestorben, als Vincent van Gogh sein Bild malte. Van Goghs Bild ist sicher mehr als eine Kopie, obwohl die Übereinstimmung bis in Détails geht, nicht nur weil seine Version seitenverkehrt ist. Er hat eine eigene neue Farbgebung gewählt und eben seinen Stil, den wir sofort als *typisch van Gogh* erkennen.

Bei dieser Gelegenheit sei auf andere kreative Überraschungseffekte in der Malerei hingewiesen. Die meisten kennen Michelangelos Gemälde *Die Erschaffung des Menschen*, Adam in der linken Bildhälfte, Gottvater in der rechten. Beide strecken die Hand nacheinander aus.

Einer von uns betrachtete dieses Bild einmal, als er im Halbdunkel im Bett lag – und entdeckte plötzlich ein verstecktes Bild. Vielleicht erinnern Sie sich an Vexierbilder? Wenn man von allen Einzelheiten absah, konnte die Gruppe „Gott" – also die rechte Bildhälfte – als das *Gesicht Christi* gedeutet werden!

Zunächst zweifelte er, doch einige Tage später hatte er wieder den gleichen Eindruck. Da er keinerlei Vorurteil gehabt hatte, war er nun sicher, dass er sich nicht täuschte. Es war ja auch sinnvoll, Gottvater und Gottes Sohn gemeinsam auftreten zu lassen.

Daraufhin vermutete er, dass auch bei Adam ein weiteres Bild verborgen sein könnte! Vielleicht Eva? Er suchte einige Zeit vergeblich – bis er eines Tages plötzlich das Gesicht eines Schwarzen entdeckte! Auch das machte Sinn: der Mensch war nicht nur als Weißer, sondern auch als Schwarzer geschaffen. Sie wissen es schon: Wenn man aufmerksam beobachtet, entdeckt man oft Überraschendes!

(3) Auch in der Musik gibt es viele Beispiele für Anwendungen des Prinzips *Kopieren – Lernen – Neues generieren.* Transkriptionen von Kompositionen für Orchester auf ein Soloinstrument sind beliebt. So hat z. B. Franz Liszt Beethoven-Symphonien, die ja für ein Orchester komponiert wurden, für Piano solo umgeschrieben! Das umfasst bedeutende Veränderungen – eine Art Kompressionsprozess – bei dem dann etwas Neues und auch Kreatives herauskommt. Ein zeitgenössischer Schwäbisch-Gmünder Konzertpianist[*] hat z. B. Lieder von Claude Debussy, die von diesem für Singstimme mit Klavierbegleitung komponiert wurden, für Piano solo transkribiert. Dazu hat er die Singstimme in den Pianopart integriert und die Begleitung so verändert, dass praktisch eine neue Komposition resultierte.

[*] Konzertpianist Michael Nuber

Abb. 28: Gemälde La Sièste *von Jean F. Millet (oben) und das gleiche Bild von Vincent van Gogh (unten)*[*]

[*] siehe die Anmerkungen in der Literaturliste

3.18 Wie mache ich ein Gedicht?

Man beginnt mit einem Thema – z. B. Schloss Neuschwanstein. Man versucht Wörter zu finden, die sich auf *Schloss* reimen: Boss, DOS, *Ross*. Und entdeckt, dass sich mit Schloss und Ross vielleicht eine Story entwerfen lässt …

Hinaufreiten? Natürlich, zu Fuß ist's ja eine *Plage!* ...
Auf Plage reimt sich? Sage, Tage, *Lage* …

Mit dem Gerüst Schloss – Ross, Plage – Lage lässt sich nun tatsächlich eine Story in Reimen entwerfen:

Prinzessin Eva wünscht ein Schloss
Schick und in schöner Lage!
Dazu 'ne Kutsche und ein Ross,
Sonst wird der Aufstieg eine Plage! Und weiter geht's im Text:

A hat ein Märchenschloss offriert:
„Mein lieber A, Du machst wohl Witze,
Das liegt nicht auf des Berges Spitze"
So hat die Lady sich geziert ...

„Und ohne Spitzenlage –
Da kommt Neuschwanstein nicht in Frage!"

Intuition muss natürlich auch noch hinzukommen. Das, was wir hier zeigen, ist aber eine Kombination von Systematik und Intuition – nicht etwa Intuition allein! Und die Systematik ist natürlich kopierbar! Haben Sie das Reimschema wahrgenommen? In der ersten Strophe a-b-a-b, in der zweiten Strophe a-b-b-a, am Schluss a-a. Das ist schon nicht mehr ganz trivial …

Es gibt noch einen anderen, sehr effizienten Weg, dichterische Kreativität freizusetzen: *Verlieben Sie sich!* Verliebtheit ist ein ausgesprochen starker Motivator der Kreativität. Vielleicht kein Dauerrezept, aber zumindest für einige Zeit wirksam. Welche schönen Verse dabei herauskommen können, sehen Sie an Gedichten von *Goethe (kursiv)* und der Kärntner Dichterin Dr. Alrun Benedikter:

Keine Ferne macht Dich schwierig
Kommst geflogen und gebannt
Und zuletzt, des Lichts begierig,
Bist Du, Schmetterling, verbrannt ...

Staunend breit` ich meine Flügel,
Farbenspiel im Sonnenlicht,
Streife ab die schweren Zügel,
Fühle nur des Glücks Gewicht.

Himmelhoch flieg' ich empor
In ein Blau, so wundersam.
Dieses Licht bracht' mich hervor,
Das aus Deinen Augen kam.

Lande sanft auf Deiner Hand,
Die so offen Du gereicht.
Sei mir Himmel, sei mir Land,
Darf ich bleiben? Federleicht ...

Ein weiteres Beispiel für künstlerische Kreativität im Bereich der Musik sei angefügt. Es handelt sich um das Prinzip der Synergie, das wir bereits in Abschnitt 3.11 im Bereich der Technik kennen gelernt haben: Das Zusammenwirken zweier (oder mehrerer) Komponenten bringt manchmal mehr als die Summe von beiden!

Einer von uns versuchte einmal, am Klavier Zugang zur *Rhapsodie g-moll op. 79/2 von Brahms* zu finden. Er kannte sie nicht und spielte deshalb zunächst einmal die Noten für die rechte Hand, dann die für die linke Hand. Beide Stimmen erschienen ihm nicht weiter aufregend. Dann aber spielte er beide Hände gemeinsam und ... erlebte eine gewaltige Überraschung! Es resultierte ein wunderschönes Musikstück, an dem er sofort Gefallen fand!

Was war passiert? Die rechte Stimme bewegte sich in gleichmäßigen, nicht sonderlich abwechslungsreichen Triolen, die linke Hand dagegen in gewichtigen langsamen Oktav-Parallel-Schritten, ohne eine herausragende Melodie. Im Miteinander passten beide Stimmen aber ideal zusammen: Die schnellen Triolen relativierten die Gewichtigkeit der Oktav-Parallelen, und die Oktav-Parallelen bremsten die Triolen und gaben ihnen Gewicht, das sie zuvor nicht hatten. Beide profitierten voneinander, bzw. befruchteten einander.

Ganz ähnlich ist es natürlich mit einer Fuge*. Sie ist ja etwas Ähnliches wie ein Kanon: Zwei (oder mehrere) identische Stimmen beginnen zeitlich versetzt gegeneinander. (*Abb. 29* zeigt den Anfang der Fuge Nr. 18 aus dem Wohltemperierten Klavier Bd. 1, BWV 863). Tatsächlich können sie zusätzlich sogar um ein bestimmtes Intervall höher oder tiefer liegen. Ja, die zweite Stimme kann sogar rückwärts beginnen! Ein Wunder, wenn es dann noch zusammenpasst. Das ist das große Kunststück des Komponisten. Dann aber ist ein neues Musikstück entstanden, das weit über die einzelne(n) Stimmen hinausreicht – ein echter synergetischer Effekt!

Abb. 29: Fuge Nr.18 aus dem Wohltemperierten Klavier, Bd.1

3.19 Systematisches Erfinden – TRIZ und ARIZ

Der russische Wissenschaftler G.S. Altschuller hat bereits vor ca. 50 Jahren versucht Regeln für systematisches Erfinden zu finden. Er befragte zunächst erfolgreiche Erfinder, ob sie systematisch vorgegangen seien – jedoch ohne jeden Erfolg. (Es ging ihm ganz ähnlich wie einem von uns, der bei einem *Creativity-Workshop* in Brüssel feststellte, dass die eingeladenen erfolgreichen IBM-Erfinder ihren eigenen kreativen Prozess gar nicht wirklich analy-

* Hinweis Konzertpianist Michael Nuber (CD MN-34, JAW Records)

sieren konnten). Daraufhin untersuchte G.S.Altschuller 40000 Patente auf gemeinsame Prinzipien, die die Erfinder angewendet haben könnten. und entdeckte tatsächlich insgesamt vierzig an der Zahl! Prinzipien wie Umkehrungen, Kombinationen und Mehrfachnutzungen etc. kamen tatsächlich in vielen Fällen vor.

G.S. Altschullers Theorie und Verfahren ist unter dem Namen TRIZ (Theorie zum Lösen erfinderischer Aufgaben – die Abkürzung in russischer Sprache) und ARIZ (Algorithmus zum Lösen erfinderischer Aufgaben) bekannt geworden. Die umfangreiche Literatur zum Thema ist von *Dietmar Zobel*[3, 4] gut recherchiert, das Verfahren in seinen verschiedenen Büchern gut verständlich dargestellt. Wer mehr zum Thema TRIZ wissen möchte, kann dort nachlesen. Es gibt auch mehrere Webseiten zu TRIZ bzw. ARIZ, die bei Wikipedia aufgerufen werden können.

G.S. Altschuller formulierte technische (und ökonomische) Widersprüche, die sich nicht durch Optimierung lösen lassen, sondern als erfinderische Aufgabe gelöst werden müssen. Dietmar Zobel zitiert als Beispiel die Silberhalogenid-Fotografie: *Silber muss da sein (ist das Beste, das es gibt), darf aber nicht da sein – ist zu teuer.* Eine erfinderische Lösung war z. B. der Übergang zur Nicht-Silber-Fotografie – der elektronischen Bildaufzeichnung mit CCDs (die, wie wir inzwischen wissen, sogar mit einem Nobelpreis ausgezeichnet wurden). Die Vorteile der Bildaufzeichnung in der Digitalkamera sind vielfältig, überraschend und beeindruckend: Der wichtigste Vorteil ist wohl die einfache Möglichkeit, die digitalen Bilder mit einem Programm wie Adobe Photoshop anschließend im PC zu bearbeiten. Die digitale Bildaufzeichnung ist nicht etwa eine Optimierung, sondern eine echte Erfindung!

Wir selbst haben TRIZ weder genutzt noch gekannt. Wir haben unsere Prinzipien selbst spontan entdeckt und angewendet, anfangs fast unbewusst, dann bewusst und schließlich systematisch. Das bedeutet, dass wir sie dann eigentlich nicht mehr lernen mussten. Als wir sie entdeckten, war uns die kreative Geisteshaltung gewissermaßen bereits „in Fleisch und Blut" übergegangen ... Das war eine schöne Erfahrung. Es ist kein Wunder, dass sich viele – aber nicht alle – unserer Prinzipien auch bei TRIZ wiederfinden. TRIZ ist wohl das umfassendste System zur Lösung erfinderischer Aufgaben, das zurzeit existiert. Dietmar Zobel gebührt die Ehre, dass er durch seine Buchpublikationen dazu beigetragen hat, es in eine gut verständliche Form zu bringen!

4 Bewertung neuer Ideen und Umgang mit neuen Ideen

4.1 Entdeckungen oder Erfindungen?

Was ist der Unterschied zwischen Entdeckungen und Erfindungen? (siehe auch Abschnitt 3.1). Das ist sehr einfach: Entdeckung ist das Enthüllen einer „kreativen Leistung" der Natur durch den Menschen, Erfindung ist eine kreative Leistung des Menschen. Die Natur hat z. B. in einer „kreativen Leistung" die Materie aus Atomen aufgebaut. Der Mensch ist sehr, sehr spät dahintergekommen, hat dies also aufgedeckt bzw. entdeckt. Dazu benötigte er technische Hilfsmittel, die er lange Zeit nicht besaß, denn mit bloßem Auge sieht er die Atome ja nicht – weder die Sauerstoffatome, die er einatmet und zum Überleben benötigt, noch die Atome in den Molekülen des Wassers, das er trinkt. In der Natur, d. h. in der toten und in der lebendigen Materie, offenbart sich die kreative Leistung der Evolution. Diese Intelligenz ist nicht an Gehirne gekoppelt; sie existiert außerhalb von Gehirnen und besteht in einem Prozess, der alles erhält, was sich als überlebensfähig erweist. Die menschliche Intelligenz ist zwar auch Überlebensfähigkeit, aber nicht nur: Sie ist auch die Fähigkeit des Verstehens, des Einsehens und der Erkenntnis.

4.2 Erfindungshöhe: Nur neu oder sogar erfinderisch?

Zwischen den beiden Begriffen „neu" und „erfinderisch" besteht ein wichtiger Unterschied. Der Laie hingegen denkt, dass beide das Gleiche seien. Überträgt man ein Reinigungsverfahren, das sich beim Geschirrspülen bewährt hat, auf die Reinigung von Zähnen, z. B. die Reinigung mit einem Schwamm, so ist dies tatsächlich in der Zahnhygiene neu. Die Erfindungshöhe ist dagegen gering und somit die Idee nicht besonders erfinderisch, da eine Reinigung mit Schwamm als Reinigungsverfahren allgemein bekannt ist und daher vielleicht doch naheliegend war. Ein Gebrauchsmusterschutz könnte dagegen erteilt werden.

Die Begriffe „erfinderisch" und „Erfindungshöhe" spielen bei der Patentierung neuer Ideen eine wichtige Rolle. Patentiert werden kann eine Idee nur dann, wenn sie mehr als neu ist, nämlich erfinderisch, bzw. eine ausreichende Erfindungshöhe aufweist. Sie werden fragen: Wann ist dies aber der Fall? Darüber gibt das Patengesetz (PatG) §4 Satz 1 Auskunft: Eine Erfindung gilt als auf einer erfinderischen Tätigkeit beruhend, wenn sie sich für den Fachmann in nicht naheliegender Weise aus dem Stand der Technik ergibt. Man könnte es einfacher auch so ausdrücken: Erfindungshöhe liegt dann vor, wenn der durchschnittliche Fachmann die gleiche Aufgabe gestellt bekommt und allein mit seinem Fachwissen nicht auf die vorteilhafte Lösung der Erfindung kommt. Das bedeutet, dass etwas für den Fachmann Überraschendes vorliegen muss. Eine Erfindung ist also gekennzeichnet durch die Prädikate neu, überraschend und besser. Das überraschende Moment in einer Erfindung ist zwar notwendig, aber nicht hinreichend. Eine Anmerkung: Interessant ist in diesem Zusammenhang, dass man in einigen Entwicklungsländern auch fremde Erfindungen patentrechtlich schützen lassen kann, wenn man die Erfindung im Lande nutzen will und der eigentliche Erfinder das nicht beabsichtigt.*

Ein Beispiel für Erfindungshöhe und Patentierbarkeit ist dann gegeben, wenn ein Vorurteil der Fachwelt widerlegt werden kann, das vielleicht schon lange Zeit existiert, wie es in Abschnitt 3.10 ausführlich dargelegt ist. Ein neueres Beispiel dazu ist die Entdeckung der Quasikristalle durch Dan Shechtman, die mit dem Nobelpreis für Chemie 2011 ausgezeichnet wurden. Materialwissenschaftler hielten Existenz von Quasikristallen lange Zeit nicht für möglich. Und selbst ein berühmter Nobelpreisträger wie Linus Pauling versuchte Dan Shechtman lächerlich zu machen durch die Bemerkung, dass es so etwas wie Quasikristalle nicht gäbe, nur Quasi-Wissenschaftler … Damit hatte aber eher Linus Pauling sich selbst als „Quasi-Wissenschaftler“ geoutet! …

Wenn wir etwas Überraschendes, Neues beobachten, haben wir meistens zunächst nicht den Durchblick. Wir versuchen dann zu verstehen, warum der beobachtete Effekt auftritt, wie man sich das Überraschende wohl erklären kann. Gelingt uns das nicht, sollten wir dennoch nicht beunruhigt sein, da die Erfindungshöhe durch mangelnden Durchblick nicht beeinträchtigt wird. Und alles, was sich ein Experte auf seinem Gebiet ausdenken, überlegen und ableiten kann, mag eine große intellektuelle Leistung darstellen; große Erfindungshöhe hat es jedoch nicht. Allerdings müssen Sie natürlich bei einer Erfindung eine Anweisung zum Handeln geben können, was zu tun ist, damit der vorteilhafte Effekt auftritt, den Sie patentieren lassen möchten. Fassen wir zusammen: Nur eine Teilmenge des Neuen ist auch zugleich erfinderisch!

* Private Mitteilung Professor Wolfgang Becker

4.3 Verbesserungen – Optimierungen

Es mag für manch einen enttäuschend sein, dass „neu“ nicht notwendig „erfinderisch“ und damit patentierbar ist. Bedeutet es doch, dass eine kluge Optimierung eines Prozesses oder eines Produktes, selbst wenn sie neu ist, nicht patentiert werden kann, wenn nicht zusätzlich die in Abschnitt 4.2 definierte Erfindungshöhe vorliegt! Wir sollten jedoch das Neue, das nicht erfinderisch ist, nicht geringschätzen. Ein neues Produkt kann sehr gut sein, vielleicht sogar ein „Marktrenner“ werden! Und doch nicht patentierbar sein ... Wir können uns die Konkurrenz dann halt nicht durch ein Patent „vom Leibe halten“.

Neue Ideen ohne Erfindungshöhe können sogar außerordentlich wertvoll sein: Wir hatten bereits früher darauf hingewiesen, dass in der Firma IBM Verbesserungsvorschläge, die nicht patentierbar waren, aber zu Einsparungen führten, extrem hoch bewertet wurden! Um es ganz klar zu sagen: Verbesserungsvorschläge sind für den, der sie einreicht, oft wesentlich lukrativer als Erfindungen, die zu Patenten führen.

4.4 Publizieren oder Patentieren?

Muss man unbedingt ein Patent erwerben? Ein Patent ist ein Schutzrecht für geistiges Eigentum: Für eine gewisse Zeit (20 Jahre, bei aufwendigen Zulassungsverfahren auch 5 Jahre länger) darf der Patenteigner die Früchte seines „geistigen Bäumchens“ allein ernten, und zwar in den Ländern, in denen ihm ein Patent erteilt wurde. Jeder Konkurrent muss in dieser Zeit eine Lizenzgebühr an ihn zahlen, wenn er die patentierte Idee wirtschaftlich nutzen möchte. Gezwungen ist der Patentinhaber zur Lizenzerteilung jedoch nicht. Nach Ablauf der Frist von 20 Jahren kann dann jeder andere frei über die Idee verfügen. Und dann führt eine intensive Konkurrenz schnell zu Preissenkungen. Arbeitnehmer sind verpflichtet, ihre Ideen ihrem Arbeitgeber zu überlassen, wenn sie auf dem Gebiet ihrer vereinbarten Tätigkeit liegen. Arbeitgeber sind verpflichtet, ihre kreativen Arbeitnehmer angemessen zu entschädigen.

Schnelle Preissenkungen sind dann wichtig, wenn es sich bei den Produkten z. B. um Pharmaka handelt. Es kommt nämlich immer wieder vor, dass Pharma-Firmen Medikamente zu hohen Preisen auf den Markt bringen, die sich gerade die nicht leisten können, die sie am nötigsten brauchen – weil sie zu arm sind. So geschehen bei AIDS-Medikamenten in Afrika.

Wenn Pharma-Firmen Alleinvertriebsrechte erwerben möchten, ist das nicht nur pure Profitgier. Sie möchten verständlicherweise teure Entwicklungskosten und Testkosten (klinische Untersuchungsreihen) wieder zurückerhalten. Aber dieses Regelsystem führt eben auch zu perversen Entartungen, wie man an folgendem Beispiel sieht: Indonesien ist ein Land von großer Bio-Vielfalt. Seit langer Zeit haben Fremdfirmen aus reichen Ländern von dort Pflanzen, Mikroben und Viren bezogen und lukrative Produkte daraus gefertigt. Das neueste Beispiel ist das Virus H5N1 der Geflügelgrippe. Indonesien befürchtet nun, dass Fremdfirmen das indonesische Virus benutzen, um einen Impfstoff zu entwickeln, den Indonesien dann nicht bezahlen kann! Das Land hat deshalb die Auslieferung des H5N1 Virus an die Welt-Gesundheitsorganisation im Jahr 2007 gestoppt, verständlicherweise. In einer besseren Welt würde der entwickelte Impfstoff allen verfügbar gemacht. Dann müsste allerdings jemand gefunden werden, der die Entwicklungskosten für den Impfstoff übernimmt … Unser Regelsystem Markt versagt in diesem Fall.

Man könnte geneigt sein zu denken, wer das Gemeinwohl im Sinn hat, wird seine gute Idee nicht patentieren lassen, sondern altruistisch publizieren, d. h. der menschlichen Gemeinschaft schenken. Das wird in vielen Fällen tatsächlich ein Geschenk sein, wie beim Prinzip Open Source zu sehen ist, das auf S. 176 näher eingegangen wird. Im besagten Bereich Pharma jedoch möglicherweise nicht: Ohne ein Schutzrecht zur konkurrenzfreien wirtschaftlichen Verwertung wird eine Pharma-Firma nicht bereit sein, die teuren Entwicklungskosten für ein Medikament aufzubringen. So ist z. B. derzeit fraglich, ob sich eine Firma für das neue aussichtsreiche Krebsmedikament DiChlorAzetat (DCA) findet, die die benötigten klinischen Untersuchungen durchführt und bezahlt: *www.deutsche-apotheker-zeitung.de.*[45] Das Patent für dieses Medikament, das für die Behandlung einer anderen Krankheit seit langem eingesetzt wird, ist nämlich bereits ausgelaufen … Mit anderen Worten: Man kann damit nicht mehr viel verdienen! Sie sehen, eine gute Absicht in eine gute Tat umzusetzen, ist nicht immer einfach.

Für Interessierte: DCA wirft die in den Krebszellen abgeschalteten Mitochondrien, die Kraftwerke der Zellen, wieder an. Da die Mitochondrien auch für den Befehl zum Zelltod verantwortlich sind, können die Krebszellen nun wieder sterben – und werden damit ungefährlich!

Wie hat der Umgang mit geistigem Eigentum bei der Firma IBM stattgefunden? IBM besteht inzwischen seit über 100 Jahren. Der „Elefant" *Big Blue* hat sich in all diesen Jahren gefühlvoll an viele neuen Strömungen flexibel angepasst und überlebt, auch wenn er manchmal zu Anfang daneben lag. Heute ist das Hauptgeschäft von IBM Service. Insgesamt über 76000 Patente sollen zugunsten der Firma IBM erteilt worden sein…

Der Erwerb von Patenten ist für viele Unternehmen wichtig; nicht nur weil sie Produkte ohne lästige Konkurrenz vertreiben oder Lizenzgebühren einnehmen möchten, sondern auch als „Waffenarsenal", um die Lizenzansprüche anderer Firmen abzuwehren. Häufig kommt es dann zu einem Patentaustausch, wie offenbar im Juni 2011 zwischen Apple und Nokia. Sind Patente teuer, kann dies zu Preiserhöhungen bei Produkten führen und die Konkurrenz begünstigen.

Manchmal entbrennen sogar regelrechte Patentkriege: Obwohl nicht mehr im PC-Geschäft vertreten, versucht IBM z. B. Lizenzgebühren für alte Patente einzutreiben – in der gesamten Branche! Apple hat gerade gerichtlich ein Verkaufsverbot des Samsung-Tablet-PC in der EU erwirkt: Samsung kopiere mit dem Galaxy Tab das iPad und verletze Schutzrechte. Nach der Übernahme von Motorola sichtet Google dessen Patentportofolio, um es gegen Konkurrenten einzusetzen und das Betriebssystem Android zu schützen. Außerdem hat Google für eine Patente-Sammlung in der Konkursmasse des kanadischen Telekom-Unternehmens Nortel fast eine Milliarde Dollar geboten … Es gibt sogar Firmen, die nichts anderes machen, als Patente aus der Konkursmasse einer Firma zu erwerben, um dann gegen andere Unternehmen zu klagen. Ohne auch nur über eine eigene Technologie zu verfügen, behaupten sie, eines ihrer Patente würde verletzt und erhoffen sich dann Profite durch Vergleiche oder Gerichtsurteile. Dies darf man getrost als eine Degeneration der Patentidee bezeichnen. Märkte sind oft extrem heiß umkämpft.

Die Firma IBM sieht übrigens drei Verwendungsmöglichkeiten für Erfindungen ihrer Mitarbeiter vor: 1) die Patentanmeldung, 2) die Publikation im IBM Technical Disclosure Bulletin und 3) kein Interesse seitens IBM; das bedeutet die Freigabe, wie es der gesetzlichen Regelung entspricht. Die Publikation (Fall 2) gibt die Erfindung zwar frei zur Verwendung für jedermann, hat für IBM aber den Vorteil, dass keine andere Firma ein Patent anmelden und dann eine Lizenzgebühr von IBM fordern kann, wenn IBM einmal die Erfindung selbst verwenden sollte. Existiert ein Patent, so kann eine andere Firma auch dann die Erfindung kostenlos benutzen, wenn sie eine eigene Vorbenutzung z. B. durch Laborbücher nachweisen kann.*

Und noch ein wichtiger Hinweis für Erfinder: Was publiziert ist, auch wenn es von Ihnen selbst stammt, kann nicht mehr patentiert werden!

4.5 Kooperation beim Erfinden

Kooperation beim Erfinden ist eher selten. Wer eine gute Idee hat, die sich vielleicht sogar technisch verwerten lässt und lukrativ sein könnte, möchte sie meistens nicht mit anderen teilen. Gute Ideen werden deshalb häufig versteckt …
Nach unserer Erfahrung ist dies aber unklug. Neue Ideen werden ja häufig nicht etwa willkommen geheißen, sondern bekämpft – wir haben es in Abschnitt 2.5 bereits erwähnt: Andere neiden den Erfindern schlichtweg ihre guten Ideen, was nur allzu menschlich ist. Sie erinnern sich an den *NIH-Effekt (Not **I**nvented **H**ere).* Kooperiert man jedoch mit anderen beim Erfinden, dann tritt der unerwünschte NIH-Effekt, der sehr hinderlich sein kann, gar nicht erst auf. Aus Konkurrenten wird ein kooperatives Team. Und noch etwas: Geteilte Freude ist doppelte Freude! Das gilt beim Erfinden genauso wie anderswo – ja vielleicht sogar in besonderer Weise!

Wir, die Autoren, haben bei IBM unsere Erfindungen stets gemeinsam mit anderen gemacht. Wir waren üblicherweise mindestens drei Miterfinder. Es war eine einmalig offene, vertrauensvolle und kooperative Atmosphäre. Die Firma IBM hat dies klug gefördert: Die Prämien (Invention Achievement Awards) wurden jedem Miterfinder, unabhängig von der Zahl der Beteiligten, in gleicher Höhe ausbezahlt – also nicht aufgeteilt. Das war etwas teurer für IBM, hat aber die Kooperation unter den Mitarbeitern gewaltig gefördert.

4.6 Der Bumerang-Effekt bzw. der Rebound-Effekt

Auf einen wichtigen Punkt möchten wir bereits an dieser Stelle hinweisen – nämlich wie Menschen mit Erfindungen, Innovationen und technischem Fortschritt generell umgehen.

---

* Private Mitteilung Professor Wolfgang Becker

Technischer Fortschritt bedeutet ja an sich eine Chance: Dass man mit weniger Aufwand an Material, Energie, Zeit, Arbeit mehr erreichen kann, d. h. eine Effizienzsteigerung erreichen kann. Oder dass man für den gleichen Geldbetrag mehr bekommt. Dass man nun zweimal im Jahr in Urlaub fahren kann statt vorher nur einmal. Dass sich der Wohlstand erhöht und das Leben besser wird.

Wir Menschen haben die Angewohnheit solche Chancen nicht etwa zurückhaltend zu nutzen, sondern sie *bis zum Anschlag* auszureizen: Wir sind nicht zufrieden damit, nun zweimal im Jahr in den Mittelmeerraum fliegen zu können. Nein, wenn es finanzierbar ist, müssen es nun Weltreisen sein! Mit anderen Worten, der technische Fortschritt wird nicht etwa genutzt, um die Umweltbelastung zu reduzieren oder wenigstens nicht zu erhöhen, sondern um unser Leben exzessiv zu bereichern! Wir gehen blinden Auges das Risiko ein, unsere Lebensgrundlagen durch exzessive Nutzung der Technik zu zerstören, wie es in der nachfolgenden Karikatur[*] anschaulich und drastisch gezeigt ist.

Abb. 30

[*] Jupp Wolter (Künstler), Haus der Geschichte, Bonn

Im Kapitel 5 werden wir Ihnen zeigen, wie die technische Evolution in der Menschheitsgeschichte von ihren Anfängen vor etwa 4 Millionen Jahren bis zum heutigen Tag verlaufen ist und wo wir heute stehen. In Kapitel 5 machen wir also eine Bestandsaufnahme, eine Diagnose unserer globalen technischen und gesellschaftlichen Situation.

5 Der Göttliche Ingenieur – Die Evolution der Technik

Der Mensch ist wie alle Tiere ein Produkt der biologischen Evolution, die – von den ersten Einzellern bis hin zum Menschen selbst – im Laufe der Zeit immer besser angepasste Lebewesen hervorgebracht hat. Die ***biologische Evolution ist Anpassung der Lebewesen an die Umwelt***. Sie besteht aus zwei Teilprozessen: (1) Der Erzeugung immer neuer Lebewesen durch Mutation und (2) der Auslese bzw. Anpassung durch Konkurrenz. Der zweite Prozess – die Selektion – ist meist brutal, ist das Recht des Stärkeren, das Recht des Überlebensfähigeren. Manchmal vermehren sich nicht nur die Überlebensfähigeren stärker, sondern es führen auch kulturelle, z. B. religiöse Einflüsse, zu einer höheren Reproduktionsrate und nach längerer Zeit zu einer Auslese.

Welches sind die Selektionsmechanismen bei Tieren? Tiere werden selektiert, wenn sie schwach oder krank sind, weil Fressfeinde sie dann leichter erbeuten können oder weil sie an einer Krankheit/Seuche sterben oder weil sie einfach nicht fähig sind, sich ausreichend zu vermehren. Tiere werden selektiert, wenn ihnen die Nahrung ausgeht, was durch klimatische Änderungen oder durch Abnahme einer Beutetier-Population hervorgerufen werden kann (Ressourcenverknappung). Tiere, vielleicht ganze Tierpopulationen, werden selektiert durch Naturkatastrophen, wie z. B. Vulkanausbrüche, Erdbeben oder Überschwemmungen. Besonders verschärft wird die Situation durch ein übermäßiges Anwachsen der Tierpopulation: Jeder kennt die zyklischen Kurven für die Zahl der Luchse und der Hasen (deren Beutetiere): Ist die Zahl der Luchse besonders groß geworden, nimmt prompt die Zahl der Hasen drastisch ab und – zeitverschoben – dann die Zahl der Luchse, die nicht mehr genug Hasen jagen können. Aber auch innerhalb der gleichen Population wird der Zugang zur Nahrung schwieriger, wenn die Population zu groß ist: Die einzelnen Tiere kämpfen dann um die Nahrung und die Schwächeren unterliegen. Die Selektoren bzw. Killer sind also ***Hunger, Krankheit, Naturkatastrophen*** *und* ***Kämpfe.***

Der Mensch wollte wohl schon immer solche Selektionsprozesse durch die erwähnten Killer für sich selbst außer Kraft setzen. Durch Erfinden von technischen Neuerungen ist es ihm gelungen, die Selektionsmechanismen zurückzudrängen: ***Technische Evolution ist Anpassung der Umwelt an den***

Menschen. Der Mensch wird nicht mehr selektiert; selbst dann nicht, wenn er schwächlich ist. Keine Kälte kann ihm gesundheitlich schaden; er hat Kleidung und ein Haus. Nahrungsmangel ist in unseren Breiten, durch die Technik der Landwirtschaft, selten geworden. Die selektierende Konkurrenz wird von der biologischen Ebene auf die Ebene der Technik bzw. Wirtschaft verlagert.

In neuester Zeit ist die biologische Auslese durch Konkurrenz, insbesondere durch die moderne Medizintechnik, für den Menschen weitgehend außer Kraft gesetzt. Die reduzierte Kindersterblichkeit und das erhöhte Lebensalter sprechen eine beredte Sprache: Fast alle überleben und ... vermehren sich! Durch Technik, die alle überleben lässt, ist also – so könnte man sagen – Menschlichkeit in diese Welt gekommen; die biologische Evolution im engeren Sinne durch Auslese ist dagegen für den Menschen fast zum Stillstand gekommen. Wir mutieren zwar weiterhin ungebremst, aber es findet nur selten eine Auslese statt. Die Gentechnik könnte dies allerdings ändern, z. B. durch die Präimplantationsdiagnostik.

Durch technische Erfindungen hat der Mensch sogar die biologische Evolution in beeindruckender Weise weitergeführt: Ihm sind zwar keine Flügel gewachsen; er hat sich aber mit dem Flugzeug *technische Flügel* zugelegt. Er kann normalerweise höchstens einen Kilometer weit hören, mit dem Handy jedoch Tausende von Kilometern weit! Er hat also durch Technik verbesserte und sogar *neue Fähigkeiten* erworben. Die technische Evolution ist an die Stelle der biologischen Evolution getreten! Der technische Fortschritt war schließlich so erfolgreich, dass extravagante gesellschaftliche Erwartungen geweckt wurden. Dadurch entstand eine technische Illusion: Der Technische Fortschritt könne sogar nicht-technische Probleme unserer Gesellschaft lösen (soziale, wie z. B. Armut oder politische, wie z. B. Migration), d. h. könne eine kulturell–zivilisatorische Evolution bewirken!

Wir haben diesen Fortschritt, *neue Fähigkeiten und Menschlichkeit,* leider nicht umsonst bekommen. Technik hat offenbar Nebenwirkungen, die erheblich sind: Degeneration der menschlichen Art, Verbrauch von begrenzten Rohstoffen, Anstieg des globalen Energieverbrauchs, Umweltverschmutzung mit Konsequenzen, wie z. B. den Treibhauseffekt oder das Ozonloch, und eine regelrechte Bevölkerungsexplosion! Zusammengenommen, könnten diese Effekte in naher Zukunft durchaus zu einer Katastrophe globalen Ausmaßes für die menschliche Art führen, was man als Selektion im großen Stil auffassen könnte …

Außerdem haben Wissenschaftler festgestellt, dass viele Vorgänge auf unserer Erde nur in einer bestimmten Richtung ablaufen: Wasser fließt normalerweise von selbst nur den Berg hinunter (und niemals umgekehrt, obwohl der Energieerhaltungssatz der Physik dies erlaubte). Wertvolle elektrische oder mechanische Energie, die Arbeit leisten kann, verwandelt sich in wertlose Energie, nämlich Wärme bei Umgebungstemperatur, die keine Arbeit mehr leisten kann. Allgemein strebt der Kosmos einem Zustand der Unordnung zu. Dies gilt auch für jedes abgeschlossene Teilsystem, wie z. B. unseren Planeten Erde, das nur dann zu einem offenen System wird, wenn man die Sonnenstrahlung mit einbezieht.

Die Evolution des Lebens auf der Erde, also die Entwicklung hoch geordneter Systeme, scheint dem zu widersprechen. Hier handelt es sich jedoch um ein ***offenes System,*** das von der Sonne als Energiequelle gespeist wird. Wie sieht es mit der *Evolution der Technik* aus? Sie erfolgt derzeit wie in ***geschlossenen Systemen*** im Wesentlichen, ohne von der einfallenden Sonnenenergie viel Notiz zu nehmen. Sie ist damit, tragischerweise, ein besonders effizienter Weg, die globale Unordnung zu erhöhen! Mit anderen Worten: Durch Entwicklung von Technik, d. h. um ein besseres Leben zu verwirklichen, arbeiten wir einem vorzeitigen Ende zu! Dies ist die Aussage des zweiten Hauptsatzes der Thermodynamik, von dem Einstein sagte, er würde länger als alle anderen bestehen. Dies ist ein echtes Paradox. Es bedeutet auch: Es reicht nicht, die *richtige* Technik zu erfinden, denn *jede* Technik, die die momentan einfallende Solarenergie ignoriert, hat den genannten Nebeneffekt. Allerdings gibt es sehr wohl eine bessere und eine weniger gute Technik, in dem Sinne, dass die gleiche erwünschte Wirkung mit wenig oder mit viel Energie- bzw. Materialaufwand erreicht werden kann (hoher oder niedriger Wirkungsgrad). Es wird daher die vorrangige Aufgabe zukünftiger Ingenieure sein, gute Techniken mit hohem Wirkungsgrad zu erfinden und die Nutzung der Solarenergie zu fördern. Siehe *Ernst U. von Weizsäcker: Faktor Fünf*[46].

Die Geschichte der Erfindungen und des technischen Fortschritts hat sich – seit den ersten Anfängen der Menschheit vor über vier Millionen Jahren wohl stets nach dem gleichen Muster vollzogen: Ein neues technisches System bedeutete für die Menschen immer verbesserte Lebensbedingungen, d. h. weniger Hunger, weniger Seuchen und wahrscheinlich auch weniger Kriege. Damit setzte aber auch stets sofort verstärktes Bevölkerungswachstum ein. Unser Fertilitätsdruck ist tatsächlich gewaltig.

Dies ging so lange gut, wie die neue Technik die anwachsende Bevölkerung ernähren konnte. Nach einer gewissen Zeit war dies aber nur noch unzureichend oder nicht mehr möglich. Die Folgen kennen wir: Hunger und Seuchen und Kriege. Die Menschen haben dann entweder ihr begrenztes Gebiet geöffnet und neue Gebiete und Ressourcen erobert – oft gewaltsam durch Kriege – oder aber sie haben eine weitere neue Technik erfunden. Die wieder zu verbesserten Lebensbedingungen führte. Bis ein neues technisches System kreiert wurde, verging aber meistens einige Zeit. Dann konnte das bekannte Spiel von vorn beginnen – bis zum heutigen Tage. Eine detaillierte Beschreibung gibt *Jacques Neirynck* in seinem *Göttlichen Ingenieur*[47]. Vergegenwärtigen wir uns die wichtigsten Stationen in unserer Menschheitsgeschichte mit Blick auf den technischen Fortschritt:

Die ersten Urmenschen (Hominiden) waren zunächst Sammler, dann Jäger. Sie sind wahrscheinlich vor ca. vier Millionen Jahren in Ostafrika aufgetreten. Das Klima war günstig; das Nahrungsangebot ebenfalls. Sie haben vermutlich dort lange Zeit in einer Art ökologischem Gleichgewicht gelebt.

Die biologische Evolution war zu dieser Zeit voll wirksam: Hominiden mit besonders großem, leistungsfähigem Gehirn hatten einen Überlebensvorteil; sie produzierten die bessere Technik! Deshalb vergrößerte sich unser Gehirn in den zurückliegenden vier Millionen Jahren von 750 g Gewicht auf ca. 1500 g heute. Das Gehirn formte nicht nur die Technik, sondern die Technik begünstigte ihrerseits die Entwicklung eines größeren Gehirns, formte durch die biologische Evolution das größere leistungsfähigere Gehirn!

Es gab aber einen biologischen Engpass: Kinder mit besonders großem Gehirn mussten als Frühgeburt zur Welt kommen, sonst hätten sie ihre Mutter getötet. Frühgeburt bedeutete, dass das „unfertige" Kind noch lange Zeit – viele Jahre – schutzbedürftig war. Dieser Schutz war nur sichergestellt durch eine zusätzliche soziale Evolution – die Bildung der Gruppe, der Familie. Zu dieser Zeit waren also *biologische Evolution, technische Evolution und soziale Evolution* völlig in Einklang!

Später breiteten sich die Hominiden langsam aus, zunächst nach Europa und Asien. Da dies selbst in Eiszeiten geschah, bedurfte es einer neuen Technik, die das ermöglichte – das Feuer und die Kleidung! War Konkurrenzdruck die Ursache? War die Population zu groß geworden? Vor etwa 100000 Jahren waren Europa und Asien besiedelt. Die Ausbreitung nach Amerika und

Australien erfolgte wesentlich später – vor etwa 12000 Jahren – teilweise mit Hilfe der Segelkunst als neuer Technik. Nun war die ganze Erde besiedelt, die gesamte Erdbevölkerung auf etwa vier Millionen Menschen angewachsen; eine konfliktfreie Ausbreitung war nun unmöglich.

Vor etwa 10000 Jahren erfolgt dann der erste wirklich revolutionäre technische Wandel – die ***neolithische Revolution***: Aus umherziehenden Jägern werden sesshafte Bauern, Landwirte und Viehzüchter. Dies geschieht in Gebieten, die vom Klima und der Bodenqualität her besonders begünstigt sind – in den Flussebenen des Euphrat und Tigris (heutiger Irak), des Nils und des Hindus‘. Was waren die Gründe dafür, dass die Jäger sesshaft wurden? Waren etwa die Jagdgründe ausgebeutet? War die Weltbevölkerung zu groß geworden? Die Änderung des Lebens beim Übergang vom Jäger zum Bauern ist drastisch: Es ist die Erfindung der Arbeit, des Eigentums und des Krieges, des Staates und der Politik! Die Produktivität der Nahrungserzeugung steigt jedenfalls sprunghaft an, wie aber auch die Produktivität der Menschen: Bis Christi Geburt wächst die Erdbevölkerung fast um einen Faktor 50 auf etwa 170 Millionen! Siehe den *Atlas of World Population History*.[48]

Es wird sich in der Folge zeigen, dass das Fortschrittsschema stets das gleiche ist: Eine neue Technik bringt neue Ressourcen hervor, d. h. neuen Wohlstand. Danach vermehren sich die Menschen stark, schließlich übermäßig, bis die Ressourcen erschöpft sind. Was kommt dann?? Die Menschen breiten sich dann zunächst aus (das bringt neue Ressourcen!) und verdrängen andere einfach bzw. töten oder versklaven sie, bis schließlich eine neue technologische Revolution Erleichterung schafft!

Im 5. Jahrhundert vor Christi Geburt geschieht ein Wunder: In einem europäischen Land gehen technischer, kultureller und politischer Fortschritt Hand in Hand – im klassischen Griechenland! In der Technik sind es Schiffsbau und Tempelbau, in der Kultur Kunst, Wissenschaft und Philosophie; in der Politik tritt die erste Demokratie der Weltgeschichte auf! Um dann aber für über 2000 Jahre wieder zu verschwinden! ...

Etwa 100 Jahre vor Christi Geburt errichtet Rom für ca. 500 Jahre ein mächtiges technisches System im Mittelmeerraum. Berühmt ist der Straßenbau (300000 km!) sowie die Trinkwasserversorgung durch Aquädukte. Und die Bevölkerung wächst … Zu stark, wie sich zeigen soll: Der Untergang des römischen Reiches, einer antiken Konsumgesellschaft, die den gesamten Mittelmeerraum ausbeutete, markiert das unrühmliche Ende dieser Periode.

Danach stagniert die technische Evolution und mit ihr die Bevölkerungszahl für Jahrhunderte ...

Erst um 1000 n.Chr., nach Ausbreitung des Christentums, treiben die europäischen Klöster mit ihrer neuen Geisteshaltung („ora et labora"), einer neuen Technik (Wassermühlen) und einem neuen Rohstoff (Holz aus Nordeuropa) die Entwicklung voran. Als Konsequenz verdoppelt sich jedoch die europäische Bevölkerung in nur drei Jahrhunderten! Viel zu schnell, wie das schlimme 14. Jahrhundert mit dem hundertjährigen Krieg zwischen England und Frankreich und der Pestepidemie lehrt: Die Bevölkerung Europas reduziert sich im 14. Jahrhundert um etwa 30 Prozent! Die Lehre daraus? Wächst eine Bevölkerung zu schnell an, dann erfolgt eine Selektion durch Kriege und Seuchen und Hungersnöte! Wir hätten es von den Tierpopulationen längst lernen können …

Die Erholung erfolgt langsam, zunächst nicht etwa durch eine neue Technik, sondern, nach häufig praktiziertem Muster, durch Öffnung des begrenzten Lebensraums. Da nun der ganze Planet bevölkert ist, geht dies nur gewaltsam: Afrika, Mittelamerika und Südamerika werden von den Spaniern und Portugiesen erobert und unterjocht! In diese Zeit fallen auch Fortschritte der Wissenschaft (Kopernikus, Kepler, Galilei, Newton), ein wichtiger Vorgang, der erst später, im 19. Jahrhundert, für den technischen Fortschritt von großer Bedeutung werden soll.

Ende des 18.Jahrhunderts erfolgt ein technischer Durchbruch, der nur mit der neolithischen Revolution vergleichbar ist – die Erfindung der Fabrik! Dieser Vorgang wird zu Recht ***erste industrielle Revolution*** genannt. Sie vollzieht sich zunächst in England, wo die Voraussetzungen günstig sind – eine demokratische Gesellschaft mit verteiltem Besitz und verteilter Kaufkraft. Die neue Technik ist die Dampfmaschine, der neue Rohstoff die Kohle – zum ersten Mal *eine nicht erneuerbare Ressource!* Sie ermöglichen das Entstehen einer Textilindustrie und eines Transports mit der Eisenbahn.

In einem guten technischen System verstärken sich die einzelnen Komponenten gegenseitig – wie hier: Die Kohle ist energetischer Rohstoff für die Dampfmaschine; diese wiederum treibt die Pumpen zum Auspumpen des Sickerwassers in den Kohlegruben. Die Kohle dient zur Veredelung des Eisens zum Stahl; dieser wiederum ist das Material der Maschinen im Kohlebergbau und in der Textilindustrie.

Die erste industrielle Revolution erobert schnell alle europäischen Länder – und die Bevölkerungszahl wächst rapide! So hat sich die Bevölkerung von England seit Beginn des 19. Jahrhunderts bis heute mit einem *Faktor 12* multipliziert (!), wenn man die Auswanderer hinzuzählt! Gleichzeitig explodiert der Energieverbrauch!

Diese rasante technische Entwicklung führt zu gewaltigen sozialen Verwerfungen: In den Weberaufständen versucht ein Berufsstand, sich gegen die Konkurrenz durch Maschinen zu wehren und Besitzstand zu wahren (kommt uns das bekannt vor?), mit dem Ergebnis, dass im Jahre 1813 achtzehn Menschen wegen „Maschinenstürmerei“ gehenkt werden! (*J. Neirynck*[47]: *Getreu der Logik, wonach von nun an die Maschine ein höheres Überlebensrecht hat als der Mensch*). Die kulturelle Bewältigung der industriellen Revolution lässt also auf sich warten... Bis zum heutigen Tage: Die, angesichts der modernen Medizintechnik, dringlicher denn je gewordene Frage „Wie wollen wir würdig sterben?“ wird weiterhin ausgeklammert und verdrängt. Auch mit Implantationsmedizin, Klonen und Gentechnik tun wir uns schwer. Interessant ist in diesem Zusammenhang die unterschiedliche Handhabung eines bestimmten Problemkreises in verschiedenen Ländern: So wird in Dänemark zehnmal soviel Morphium an Schwerstkranke verabreicht wie in Deutschland.

Die ***zweite industrielle Revolution*** beginnt Mitte des 19. Jahrhunderts, noch ehe die erste erschöpft ist – basiert auf einem neuen (jedoch *wieder nicht erneuerbaren*) Rohstoff, dem Erdöl und auf der Ehe zwischen Wissenschaft und Technik. Neu sind die Organische Chemie und die Elektrotechnik (Energieumwandlung und Verteilung) sowie die Nachrichtentechnik.

Deutschland wird Mittelpunkt dieser Entwicklung, da hier an den Technischen Hochschulen die beste technische Ausbildung gegeben wird. Es gibt auch einen Skandal: die Steigerung des Energieheißhungers und der maschinelle Krieg mit dem Maschinengewehr!

Die ***dritte industrielle Revolution*** beginnt Mitte des 20. Jahrhunderts, wiederum noch ehe die zweite erschöpft ist, und basiert auf einem weiteren *(nicht erneuerbaren)* Rohstoff – Uran (Kernenergie) – der aber keinen echten Ersatz für Erdöl darstellt und hohes Gefährdungspotential hat (Technikkatastrophen!). Mittelpunkt dieser Entwicklung werden die USA. Die neuen Techniken sind Weltraumfahrt, Informatik, Mikroelektronik und Gentechnik.

Computernetze mit Internet und E-Mail ermöglichen die wirtschaftliche Globalisierung, moderne Schiffe und Flugzeuge den globalen Transport. Die Gentechnik trägt große Chancen in sich, z. B. für eine bessere Gesundheit einer degenerierten Gesellschaft und für die Sicherung der Nahrung für alle, aber zugleich auch große Risiken.

Die industriellen Revolutionen haben den Wohlstand der Menschen in den industrialisierten Ländern gewaltig gesteigert. Wer wollte bei uns heute noch ohne Auto, TV, Smartphone, Notebook, Tablet PC und Urlaubsjet leben? Vor 200 Jahren besaß niemand diese „Selbstverständlichkeiten“. Es gibt auch einen kulturellen Gewinn der industriellen Revolutionen: die Abschaffung der Sklaverei, das Verbot der Folter, die Förderung der Demokratie, die bessere Ausbildung aller Menschen, die Religionsfreiheit, Rechte für Frauen, Soziale Sicherheit, ein Anrecht auf medizinische Versorgung, die UN Organisation, wachsende internationale Solidarität, Verantwortungsbewusstsein für den Planeten Erde!

Es hat also parallel zur technischen Evolution auch eine kulturelle Evolution gegeben. Sie konnte aber im Tempo mit der technischen Evolution nicht mithalten. Heute müssen wir in den reichen Ländern damit rechnen, dass die Lohnarbeit drastisch abnehmen könnte, da alle Bereiche automatisiert werden; nach der Landwirtschaft und der Industrie nun der Service-Bereich. Die Politik nimmt davon kaum Notiz und plädiert weiterhin für eine Steigerung der Geburtenrate und eine Verlängerung der Lebensarbeitszeit!

Schauen wir noch einmal zurück, wie die Welt vor 10000 Jahren aussah: Damals waren die wichtigsten Probleme der Menschheit, man könnte sogar sagen ihre Killer ***Hunger, Seuchen, Katastrophen*** und ***Kriege***. Die Menschen haben danach Techniken entwickelt, um besser zu überleben und diesen Killern zu entkommen. Sie haben aus ihrem Biotop ein Technotop gemacht. Wie sieht es heute, 10000 Jahre später, aus? Ist es den Menschen gelungen, diese vier Killer durch technischen Fortschritt zurückzudrängen? Wir haben zur Ertragssteigerung in der Landwirtschaft Düngemittel erfunden, um den Hunger zu besiegen, Antibiotika gegen Bakterien entwickelt, um Infektionen zu überleben, Demokratien gegründet, die friedlich sind und keine Kriege mehr führen, und erdbebensichere Häuser konstruiert, um Katastrophen zu überstehen.

Das Fazit ist dennoch: Es ist uns ***nicht*** wirklich gelungen, diese genannten vier Killer zu besiegen! Die Lösung eines der Menschheitsprobleme hat uns stets sofort neue beschert – wie die Hydra, die vielköpfige Schlange, die Herkules der Sage nach bekämpfte, und der immer zwei neue Köpfe nachwuchsen, wenn er einen abgeschlagen hatte:

In den reichen Ländern gibt es im Allgemeinen tatsächlich keinen Hunger mehr, dafür aber Lebensmittel, die durch Zusätze belastet sind, die im Verdacht stehen Krebs zu erzeugen. Krebs ist inzwischen zu einer neuen Geisel der Menschheit geworden und in Frankreich bereits die Todesursache Nr.1 (Statistisches Bundesamt 2009) In anderen Ländern ist er dabei, es zu werden. Einer von uns hat untersucht, wie viele Menschen in seinem Verwandtenkreis und Bekanntenkreis von 2000 bis 2011 gestorben sind und an welcher Todesursache. Das Ergebnis: Es waren 13 Personen im Alter von 51 bis 96 Jahren, von denen elf an Krebs starben, zwei an Herz/Kreislaufproblemen.

Auch die Seuchen sind keineswegs ausgerottet: Wir müssen uns mit BSE, Vogelgrippe, Schweinegrippe, EHEC Bakterium und AIDS auseinandersetzen. Unsere Lebenserwartung hat sich zwar in den letzten 150 Jahren verdoppelt, insbesondere jedoch durch Reduktion der Kindersterblichkeit. Das Alter ist aber nicht freudvoller geworden (Titel eines Buches von Joachim Fuchsberger: „Altern ist nichts für Feiglinge“). Krankheiten wie Alzheimer, die vorzugsweise nach dem 80. Lebensjahr auftreten, werden nun häufiger. Die reichen Demokratien führen zwar weniger Kriege, werden aber von Terrorismus bedroht. Zu den Naturkatastrophen (Erdbeben, Überschwemmungen, Tsunamis) haben sich ökologische Katastrophen (Ölimmission im Golf von Mexico, Treibhauseffekt, Ozonloch), Finanzkatastrophen (Global Crash 2008 und Eurokrise 2010) und Technikkatastrophen (Tschernobyl 1986, Fukushima 2011) gesellt. Die Bedrohungen sind weiterhin tödlich.

In den armen Ländern gibt es immer noch echten Hunger, mit verursacht durch despotische Herrscher, eine unzureichende medizinische Versorgung und Seuchen. Es gibt noch echte Kriege (die Waffen liefern die reichen Länder), und von ökologischen Katastrophen sind die armen Länder stärker bedroht als die reichen Länder. Das Land vieler Inselbewohner wird z. B. bei einem steigenden Meeresspiegel verschwinden. In den reichen Ländern haben wir mit massiven Zuwanderungen zu rechnen, ausgelöst durch wirtschaftliche Armut oder Mangel an Wasser und Nahrungsmitteln. Die Bedrohungen sind weiterhin tödlich.

Was ist der Grund für diese unerfreuliche Bilanz? *Der Grund ist, dass die Menschheit mit der industriellen Revolution um 1800, der „Erfindung" der Fabrik, vier Kardinalfehler macht*, die sich später rächen werden. Es ist ein regelrechter „*Sündenfall*":

1) Zum ersten Mal in der Menschheitsgeschichte wird seit 1800 vorzugsweise eine ***nicht erneuerbare Energie-Ressource***, die Kohle, verwendet. Das später verwendete Erdöl, das Erdgas und das Uran sind ebenfalls nicht erneuerbar, und alle sind nur in begrenztem Umfang vorhanden! Die Kernenergie ist zudem hochgefährlich! Diese nicht erneuerbaren Ressourcen werden auch noch mit großer Geschwindigkeit, regelrechter Gier, gewonnen und verbraucht. Heute – nach nur rund 200 Jahren – ist etwa die Hälfte dieser Energieträger aufgebraucht. Komprimieren wir die Menschheitsgeschichte in Gedanken auf ein Jahr, dann sind in den letzten 20 Minuten dieses Jahres die Hälfte der nicht erneuerbaren Ressourcen aufgebraucht worden! Es dürfte in Zukunft für unsere Nachkommen einmal interessant sein, zurückzublicken und zu sehen, was in der nun folgenden „*Stunde*" passierte! ...

Der rasante Verbrauch der nicht erneuerbaren Ressourcen Kohle und Erdöl geht einher mit einem beachtlichen Kohlendioxid-(CO_2-)Ausstoß, der zu einem Anstieg des CO_2-Gehalts in der Atmosphäre führt. Dies hat wahrscheinlich die beobachtete, nicht kontrollierbare Erwärmung des Erdklimas zur Folge. Die auf dem Gebiet der Klimaforschung tätigen Wissenschaftler sind sich mehrheitlich einig, dass ein Teil des Treibhauseffektes, der zur Erderwärmung führt, vom Menschen verursacht ist. Es verbleiben jedoch Ungewissheiten über die exakten Wirkzusammenhänge. Sie sprechen deshalb von einem *planetarischen Experiment,* das die Menschheit derzeit durchführt. Bedrohlich sind auch Mechanismen der Rückkopplung, wie die stärkere Verdampfung des Meerwassers bei zunehmender Erderwärmung. Wasserdampf ist ebenfalls ein potentes Treibhausgas und trägt damit zusätzlich zur Erderwärmung bei. Bedrohlich ist auch die Tatsache, dass ein zu spätes Gegensteuern erfolglos sein könnte, d. h. die Erwärmung völlig entgleisen könnte. Im schlimmsten Fall würde die Erde für Lebewesen unbewohnbar – wie sie es übrigens die meiste Zeit war, von ihrer Entstehung vor 4600 Millionen Jahren bis vor etwa 600 Millionen Jahren. Es gab damals zu wenig Sauerstoff in der Atmosphäre. Sie erinnern sich: Uns Menschen gibt es erst seit ca. 4 Millionen Jahren.

Es gibt nicht wenige Skeptiker, die den anthropogenen Treibhauseffekt anzweifeln. Sie zählen aber größtenteils nicht zu den in der Klimaforschung tätigen Wissenschaftlern. Räumt man den Skeptikern dennoch ein, dass gewisse Unsicherheiten bestehen, erhebt sich die wichtige Frage, wie man mit einem solchen Risiko intelligent umgeht? (siehe dazu Kapitel 6).

2) Wir haben es zugelassen, dass *verschiedene Menschengruppen auf dem Globus* ***am technisch-wirtschaftlichen Fortschritt sehr unterschiedlich stark teilnehmen.*** Dies wurde insbesondere durch die Kolonisation (Ausbeutung von Ressourcen und Unterwerfung von Menschen in Asien, Afrika und Mittel- bzw. Südamerika) gefördert. Aber auch die moderne ökonomische Globalisierung nach dem Freihandelsprinzip führt zu einer Verschärfung der Unterschiede zwischen Arm und Reich. Im günstigen Falle geht es den Armen langsam besser, aber der relative Abstand zu den Reichen wächst. Das Wohlbefinden der Menschen in einer Gesellschaft hängt aber sehr wesentlich vom Unterschied im Wohlstand ab, nicht primär von seinem absoluten Wert. Richard Wilkinson und Kate Pickett im *New Scientist No 2808 (2011)*[49]*: Divided we fail. If we are serious about promoting well-being for all, inequality is the place to start!*

3) Die Menschheit vermehrt sich exzessiv in der Folge der industriellen Revolutionen, im Zeitraum von 1835 bis 2011 von einer Milliarde Menschen auf sieben Milliarden! In Europa fand diese „Bevölkerungsexplosion“ im 19. Jahrhundert statt – was wir verdrängt haben; in Asien und Afrika im 20. Jahrhundert. England hatte im Jahre 1800 acht Millionen Einwohner, heute sind es über 50 Millionen. Und ebenso viele sind ausgewandert!
Es hat *vier Millionen* Jahre gedauert, bis wir eine Milliarde Menschen waren. Die zeugen wir inzwischen in nur *11 Jahren!* Und wir wachsen demografisch weiter – praktisch überall! Auch Deutschland will demografisch wachsen und steuert massiv einer etwaigen Abnahme der Bevölkerung entgegen, da man eine Überalterung der Gesellschaft befürchtet – mit Konsequenzen für die Politik! *New Scientist No 2806 (2011)*[50]*:* Prof. John Bongaarts, Population Council, NY: *Governments in countries with very low birth rates are now considering implementing pro-natal policies. They don't like having low fertility. It leads to a smaller and ageing labour force and a large number of retired people, which is difficult to manage economically.*

Starkes Bevölkerungswachstum war in der Vergangenheit über lange Zeit ein Erfolgsrezept zum Überleben: Selbst, wenn Vulkanausbrüche oder Erdbeben oder Kriege Gruppen von Menschen ausgelöscht haben – die Menschheit als Art hat dennoch immer überlebt. Sie ist immer weitergewachsen. Sie war nicht auf eine Anpassung an ihr Biotop angewiesen – wie alle Tiere –, sondern hat sich ein Technotop geschaffen. Dass dieses Wachstum allerdings irgendwann an eine Grenze stoßen musste, war eigentlich klar: Viele Ressourcen auf dem Planeten Erde, die unser Überleben sichern, sind letztlich begrenzt. Diese Grenze dürfte nun bald erreicht sein.

Dennoch möchte auch Deutschland zahlenmäßig weiterwachsen. Wir sind auch in den letzten 50 Jahren ständig nur gewachsen; eine nennenswerte Abnahme der Bevölkerung hat es bisher nicht gegeben, auch wenn die Medien unrichtig das Gegenteil verkünden! Die Kurven des *Statistischen Bundesamtes*[51] sprechen eine andere Sprache: Sie sagen bei gleichbleibender niedriger Fertilität von 1,4 für 2060 eine Bevölkerung von 65 bis 70 Millionen voraus – so viele, wie wir 1950 einmal waren. Dies sind die Ergebnisse der 12. koordinierten Bevölkerungsvorausberechnung. Dies ist ein moderater und wünschenswerter Rückgang. Da die Lohnarbeit durch die Automation in Zukunft drastisch zurückgehen wird, können die Renten nicht mehr aus der Lohnarbeit finanziert werden. Sie werden aus Steuern bezahlt werden. Wir benötigen keine zusätzlichen Menschen für die Lohnarbeit; wir benötigen keine zusätzlichen Arbeiter, um die Renten zu verdienen. Wir benötigen Bruttosozialprodukt, das aber gerecht verteilt werden muss.
Das beruhigende Argument, dass die Fertilität von selbst zurückgeht, wenn die Ausbildung verbessert wird, die Rechte der Frauen gestärkt werden und der Wohlstand steigt, greift nicht: Die Bevölkerung der USA wächst immer noch (auch ohne Immigration), und in China können sich die Neureichen inzwischen die Zahlung einer Strafgebühr dafür leisten, dass sie sich mehr als ein Kind pro Familie zulegen und tun es auch. Wie die Presse berichtet, lebten im Jahr 2007 bereits ca. 10% der chinesischen Bevölkerung in Familien mit drei Kindern!

Wir sind also inzwischen sieben Milliarden Menschen auf dem Planeten Erde. Wären wir nur eine Milliarde, würden wir gemeinsam sehr viel besser überleben, meint *Jacques Neirynck* im *Göttlichen Ingenieur*[47]. Zu viele Menschen auf dem Planeten Erde bedeutet mehr Hunger für viele, mehr Kriege um Ressourcen, mehr Verletzbarkeit durch Katastrophen, mehr Seuchen – letzteres hat uns die Tierwelt gelehrt. Ohne den hohen Bevölkerungsdruck müssten Gebiete, die durch Erdbeben und Tsunamis gefährdet sind, gar nicht besiedelt werden.

Die starke Zunahme der Weltbevölkerung in kurzer Zeit führt zu gravierenden Problemen: a) zu einem Ausverkauf der Rohstoffe, z. B. in Afrika, und zu Kriegen um Rohstoffe, z. B. im Irak, b) zu einer Gefährdung der Lebensgrundlagen der Menschheit durch eine massive Umweltverschmutzung. Beispiele sind der anthropogene Treibhauseffekt durch Luftverschmutzung und die Belastung von Lebensmitteln und Trinkwasser durch unsere intensive Landwirtschaft und ihre Düngemittel. Aktuell wurde in der Presse über eine Urankontamination von Trinkwasser durch Phosphatdünger in Deutschland berichtet! Alle genannten Probleme werden durch die Zunahme der Zahl der Menschen auf dem Globus verschärft. Die „Stellschraube" *Zahl der Menschen* wäre also geeignet, alle großen Probleme der Menschheit zu entschärfen – Zurückhaltung über zwei bis drei Generationen wäre ausreichend – ist aber nicht konsensfähig! Zu tief steckt der Fortpflanzungsdrang in unseren Trieben: Ohne hohe Fertilität gab es früher keine Arterhaltung. Dies kehrt sich heute vermutlich um: Arterhaltung wird es nur geben bei begrenzter Vermehrung.

4) Der gewaltige technische Fortschritt seit der Industriellen Revolution vor etwa 200 Jahren verführt die Menschen zu einer regelrechten technischen Illusion – alles sei machbar, alles sei beherrschbar! Es entwickelt sich eine technische Gigantomanie und der sogenannte **Rebound**-Effekt, den wir in Abschnitt 4.6 bereits erwähnt haben, schlägt zu. Die Bändigung des Rebound-Effektes erfordert eine gewaltige Kreativität, Einsicht und Bereitschaft aller Menschen, sich zurückzunehmen.

Was ist der Rebound-Effekt? Es sei wiederholt, was wir dazu in Abschnitt 4.6 gesagt haben: *Technischer Fortschritt bedeutet an sich eine Chance: Dass man mit weniger Aufwand an Material, Energie, Zeit, Arbeit mehr erreichen kann, d. h. eine Effizienzsteigerung erreichen kann. Oder dass man für den gleichen Geldbetrag mehr bekommt. Dass man nun zweimal im Jahr in Urlaub fahren kann statt vorher nur einmal. Dass sich der Wohlstand erhöht und das Leben besser wird. Wir Menschen haben die Angewohnheit, solche Chancen nicht zurückhaltend zu nutzen, sondern bis „zum Anschlag" auszureizen: Wir sind nicht zufrieden damit, nun zweimal im Jahr in den Mittelmeerraum fliegen zu können. Nein, wenn es finanzierbar ist, müssen es nun Weltreisen sein! Mit anderen Worten, der technische Fortschritt wird nicht etwa genutzt, um die Umweltbelastung zu reduzieren oder wenigsten nicht zu erhöhen, sondern um unser Leben exzessiv zu bereichern!*

Es war zu hoffen, dass der weltweit hohe Ölverbrauch gedrosselt würde, als die ersten PKWs mit geringerem Benzinverbrauch bzw. mit neuem Antrieb auf dem Markt präsentiert wurden.

Es war zu hoffen, dass mit der Einführung des Computers und seiner fantastischen Speicherkapazität die Papierkopie zurückgedrängt, vielleicht sogar verschwinden würde. Dass vielleicht das „papierlose" Büro kommen würde. Der Inhalt aller privaten und beruflichen Aktenordner einer Person lässt sich ja heute auf einer einzigen Festplatte bequem unterbringen! Sie fasst z. B. eine Bibliothek von einer Million Büchern (allerdings ohne Bilder, die sehr speicherintensiv sein können, besonders wenn es sich um bewegte Bilder, d. h. Videos, handelt).

Es war zu hoffen, dass mit dem Computer und dem Internet nun das Zeitalter der Telearbeit anbrechen würde, dass die Arbeit zuhause erledigt würde, keiner sich mehr ins Auto setzen würde. um in die Firma zu fahren und dann im Stau zu stehen ... Und dass die Straßen entlastet würden.

Weit gefehlt: Die Autobahnen sind verstopfter denn je – mit Autos, die immer noch viel zu viel Benzin verbrauchen (8 statt 3 Liter/100km)! Die Staumeldungen im Radio zeigen uns jeden Morgen, dass die Telearbeit, die durch die neuen Techniken möglich geworden ist und den Verkehr entlasten könnte, eine Illusion ist! Und kaum zu glauben: Es gibt mehr Papierkopien als je zuvor!

Durch ungeschicktes Konsumverhalten, durch exzessive Nutzung und größeren Verbrauch von Ressourcen aller Art zehren die Menschen den Gewinn des technischen Fortschritts sofort wieder auf; ja er wird sogar überkompensiert. Ungeschicktes Konsumverhalten ist also tatsächlich in der Lage, technischen Fortschritt regelrecht zunichte zu machen und die wichtige Einsparung von Ressourcen, insbesondere von nicht erneuerbaren, zu verhindern. Das nennt man *Bumerang-Effekt* oder *Rebound-Effekt*.

Banken haben durch die Vergabe exzessiver Kredite (100% Kredite) dieses ungeschickte Verhalten der Menschen noch unterstützt, genau genommen sogar provoziert. Sie tragen daher eine Mitverantwortung dafür, dass wir durch exzessive Wachstumswünsche global in eine gefährliche Schuldenkrise geraten sind.

Eines der besten Beispiele für den Rebound-Effekt ist das Auto: Der PKW hat uns eine große individuelle Mobilität beschert, die die meisten Menschen außerordentlich schätzen. Derzeit ist der Transport ab drei Personen mit dem Auto billiger als mit der Bahn. Das Auto ermöglicht zudem die Mitnahme von vielen Gepäckstücken, die man mit der Bahn gar nicht transportieren könnte. Wenn es sich um einen Mercedes oder Porsche handelt, kann man zudem renommieren mit ihm. Damit hören die Vorteile aber auch schon auf.

Die Nachteile sind zahlreicher: Nutzt man den PKW exzessiv, verliert man die Mobilität und steht im Stau, ist immer in Gefahr, einen Unfall zu erleiden, erfährt viel Stress, andererseits gleichzeitig Bewegungsarmut (eine gefährliche Kombination!), überzieht andere Menschen mit Lärm und Abgasen. Allein wegen des Lärms ist für manche Menschen der größte Teil Deutschlands als Wohngegend inakzeptabel. Japaner haben schon vor 15 Jahren entdeckt, dass LKWs, die unter Last fahren, Nitrobenzanthron emittieren. Das ist eine Chemikalie, die krebserregender ist als Dioxin! Siehe *Fred Pearce: Devil in the Diesel, New Scientist No 2105 (1997)*[52] Bei Traktoren dürfte die Situation ähnlich sein. Kein Bauer weiß es ... PKWs emittieren CO_2 und tragen damit zum Treibhauseffekt bei, der vielleicht eine der großen Bedrohungen der Menschheit werden könnte. Die kostbare Ressource Öl wird bei exzessivem Autofahren besonders schnell aufgebraucht. Ein ganzer Katalog entscheidender Nachteile steht wenigen Vorteilen gegenüber.

Psychologische Ineffizienz offenbart sich in dem Wunsch vieler Menschen, besonders von Männern, anderen zu imponieren. Man wird an einen *balzenden Pfau* oder an einen *röhrenden Hirsch* erinnert. Es wird extrem viel Aufwand betrieben, um sich ein klein wenig besser zu fühlen: Man kauft sich einen Porsche oder eine große Villa, nicht weil man sie wirklich braucht, sondern um anderen zu imponieren, sie neidisch zu machen oder um wenigstens Beachtung zu finden! Und nimmt dafür sogar Kredite auf! ...

Ein weiteres gutes Beispiel für ungeschickte exzessive Nutzung der Technik, man könnte von Missbrauch der Technik sprechen, ist ein modernes Hobby – Motorradfahren! Die Nutzer wünschen sich in einen *Rausch der Kurven* zu fahren und möglichst viel Lärm zu verursachen, um zusätzlich Beachtung zu finden, vielleicht „bewundert" zu werden. Sie sind in ihrer Fahrweise immer *zu laut, zu schmutzig (Abgase), zu schnell und zu riskant.* Meist treten sie in Gruppen auf und leben ihr Hobby ohne Rücksicht auf andere Menschen aus. In Deutschland, einem Land mit einer Bevölkerungsdichte von über 300/km^2 (alte Bundesländer), ist eine solche Nutzung der Technik eigentlich nicht tolerierbar. Zumal das gleiche Gefühl, ohne die negativen Begleiterscheinungen, problemlos mit einem Simulator erreicht werden kann. Die Zulassung von Motorrädern – einer Droge – erfolgt dennoch, weil sie Business bringen.

Auch bei der Automatisierung zeigen sich Rebound-Effekte: Früher gab es einen Straßenfeger, der Schmutz und Laub mit einem Besen entfernt hat – einfach und effizient. Heute macht diese Arbeit ein überaus lärmiges Reinigungsfahrzeug, das manchmal nicht einmal reinigt, sondern den Staub nur aufwirbelt. Und zudem teuer ist – einen Fahrer benötigt man nämlich immer noch. Spezielle Laubbläser, die von einer Person bedient werden, wirbeln ebenfalls Staub auf und entwickeln einen Geräuschpegel, der in mehreren Hundert Meter Entfernung immer noch als Lärmbelästigung wahrgenommen wird.

Dieser Rebound-Effekt muss gebändigt werden, wenn wir moderat weiterwachsen wollen, und wenn wir den armen Ländern Gelegenheit geben wollen, zu den reichen Ländern aufzuschließen, d. h. die Erde in eine bessere Balance zu bringen! *Ernst U. von Weizsäcker* hält den Rebound-Effekt für so wichtig, dass er ihm in seinem Buch *Faktor Fünf*[46] ein eigenes Kapitel widmet.

Der gefährlichste, der ultimative Bumerangeffekt ist das ***Wachstum der Menschheit:*** Wenn technischer Fortschritt und Effizienzgewinne es uns gestatten, mehr Menschen in Deutschland, in Europa, auf dem Planeten Erde zu ernähren, nimmt die Bevölkerung sofort rasant zu – auch dann, wenn eine ausreichende Ernährung für die schnell wachsende Bevölkerung keineswegs wirklich sichergestellt ist ... Die in den Medien beschworene Abnahme der Bevölkerung in den reichen Ländern ist eine Illusion, da im Fall einer Abnahme politisch sofort massiv und erfolgreich gegengesteuert wird.

Wie aber könnte man den Bumerang-Effekt bändigen? Eine bessere Bildung, bessere Informationen durch verantwortungsbewusste Medien und zurückhaltende Werbung, die nicht Verführung im Sinn hat und nicht bewusst das Suchtverhalten von Menschen ausnutzt, könnten hier gegensteuern. Auch Grenzwertsetzungen durch die Politik wie z. B. Geschwindigkeitsbegrenzungen und Verbrauchsbegrenzungen für Autos wären hilfreich. Die so oft angebotene Selbstkontrolle dagegen ist keine Kontrolle.

Wir denken, dass ein intelligentes Anreizsystem, gekoppelt mit einer guten Ethik (die ein Unterlaufen, d. h. Austricksen, des Anreizsystems verhindert) dies leisten könnte. Wie aber soll dieses Anreizsystem aussehen? Wie aber etablieren wir eine gute Ethik in einer Zeit, die sich persönliche Freiheit und Selbstverwirklichung des Einzelnen ohne Rücksicht auf andere auf die

Fahnen geschrieben hat? Hier, liebe Leser ist Ihre – unser aller Kreativität gefragt!

Der visionäre Schweizer Schriftsteller Friedrich Dürrenmatt war skeptisch: In seinem Theaterstück Die Physiker[53] zieht sich ein Wissenschaftler, der das System aller möglichen Erfindungen intuitiv geschaut hat, in ein Irrenhaus zurück. Er fürchtet, dass die Menschen seine Erfindungen missbrauchen werden, wenn sie von ihnen erfahren. Die Geheimhaltung gelingt ihm aber leider nicht. So nimmt denn das Schicksal seinen Lauf.

Aus der Sicht von Jacques Neirynck ist das Phänomen Technik von den Menschen unzureichend verstanden. Natürlich ist es gefährlich, etwas zu nutzen, das man nicht versteht, besonders wenn man es auch noch in dem Umfang exzessiv nutzt – wie wir es tun. Für ihn ist die Technik ein paradoxes Phänomen: Man kann tun was man will, immer wieder treten größte Überraschungen auf, liefert die Technik Ergebnisse, mit denen wir nicht gerechnet hatten. Ein gutes Beispiel dafür ist die Kernenergie: Wir hatten geglaubt, die Atombombe sei das absolut Böse, die friedliche Nutzung der Kernenergie das Gute. Tatsächlich trat etwas völlig Unerwartetes ein: Die Atombombe hielt Jahrzehnte lang das Gleichgewicht der Kräfte zwischen West und Ost aufrecht, zwischen der kapitalistischen und der kommunistischen Welt. Die friedliche Nutzung der Kernenergie hat sich dagegen mit den Technik-Katastrophen von Tschernobyl und Fukushima für alle Zeiten disqualifiziert.

Wir waren aufgebrochen, die Killer der Menschheit durch Entwicklung von Technik zurückzudrängen, ja zu beseitigen. Das ist uns jedoch leider nicht gelungen, weil wir die oben beschriebenen vier Kardinalfehler während der industriellen Revolution gemacht haben.

Prüfen wir abschließend noch einmal, welche Rolle die vier Kardinalfehler, ***Nutzung nicht erneuerbarer Energieressourcen, exzessive Vermehrung, ungleicher Fortschritt und die technische Illusion*** bei der Entstehung dieser einzelnen Killer spielen:

Hunger entsteht, weil wir zu viele auf der Erde sind und der Wohlstand extrem ungleich verteilt ist.

Kriege werden geführt, weil wir zu viele sind, Ungleichheit besteht und die endlichen, nicht erneuerbaren Ressourcen ausgehen.

Seuchen entstehen, weil wir zu viele sind. Die Massentierhaltung hat es uns gelehrt – ohne Antibiotika geht's nicht mehr.

Naturkatastrophen sind ein Problem für uns Menschen, weil wir viel zu viele sind – sonst könnten die Menschen Vulkanen und Erdbebengebieten ausweichen.

Technikkatastrophen treten umso häufiger auf, je exzessiver man die Technik illusionär nutzt (Autounfälle, Unfälle in Atom-Kraft-Werken, AKWs) und weil wir uns auf nicht erneuerbare Energieressourcen kapriziert haben (Treibhauseffekt).

Ökologische Katastrophen treten auf, weil wir zu viele sind, die das Ökosystem Erde belasten und weil wir die Technik exzessiv nutzen, d. h. den Rebound-Effekt nicht zügeln.

Es ist auffallend, dass bei allen Killern ein bestimmter Verursacher immer wieder auftaucht – die zu große Zahl der Menschen auf dem Planeten Erde! Könnte man kreativ einen Konsens für *ein Gesundschrumpfen* der Menschheit erreichen, wäre unendlich viel gewonnen – vor allem viel Zeit, unsere Probleme zu lösen! Doch wir Menschen sind nicht klug genug, dies zu verstehen und erst recht nicht, dies umzusetzen. Betrachten wir nun die neueste technisch/wirtschaftliche Entwicklung, die besonders interessant ist: Das Internet hat heute, knapp 200 Jahre nach der industriellen Revolution, eine globale Marktwirtschaft ermöglicht, die unkontrolliert und ungebremst verläuft. Sie nimmt kaum Rücksicht auf den Menschen und auf die Umwelt. Nun findet die Zweiteilung nicht nur zwischen den Ländern des Südens und des Nordens statt, sondern sogar innerhalb der einzelnen reichen Länder: Die Lohnarbeit wandert von hier in billigere Länder aus oder wird durch Automaten ersetzt, nun auch im Servicebereich. Gleichzeitig findet eine immense Immigration von Menschen aus den armen Ländern in die reichen statt – ohne wirkliche Integration. Diese Menschen sind billige Arbeitskräfte und Konsumenten. Die Gesellschaft entwickelt sich in eine superreiche Minderheit und eine arme Masse, die keine oder nur geringwertige Arbeit hat.

In *Deutschland* liegt derzeit die ***echte** Arbeitslosigkeit* (wenn man die fast 5 Millionen 400 Euro-Jobs wie Erwerbslose einstuft und die über 57-jährigen fairerweise in die Rechnung einbezieht) bei über ***20%***! Und die Staaten nehmen nicht mehr genug Steuern ein, um die sozialen Probleme aufzufangen, die der Kapitalismus hervorbringt; sie haben sich bereits hoch verschuldet. Die Unternehmen entziehen sich nämlich einer angemessenen

Besteuerung mit der Drohung, ins Ausland abzuwandern. Deutschland ist ihnen mit seinen Konsumenten willkommen, nicht jedoch mit seinen teuren Arbeitskräften. Soziale Systeme müssen daher zurückgebaut werden.

Um weiteres Wirtschaftswachstum der Gesellschaft anzukurbeln und weiteren Konsum zu ermöglichen, gaben die Banken dem Volk exzessive Kredite (100% Kredite), die die Menschen sich eigentlich gar nicht leisten konnten. Kredite wirken wie eine Droge: Zunächst belebend – aber nach kurzer Zeit erfolgt ein finanzieller Kollaps! Kredite sollten ein Schmierstoff für die Wirtschaft sein; badet man jedoch darin, ertrinkt man! Was ein solch leichtfertiges Verhalten nach sich zieht, sehen wir heute in der EU in Griechenland, Portugal, Spanien und Irland: Die Bürger dort wollen dem Aufruf der Regierungen zum Sparen, nach einer Zeit der Verschwendung, nicht folgen. Die Bürger neiden denen, die besonders effizient korrumpiert und verschwendet haben, ihren Wohlstand und wollen nicht „*auslöffeln*" was diese anderen dem Land „*eingebrockt*" haben. Dafür gehen sie auf die Straße!

Die Verfechter der marktradikalen Schule argumentieren, dass die Profitorientierung und der Egoismus des Unternehmers zum Besten für alle sei, letztlich alle wohlhabender mache. Wie sonst könne der Kapitalismus der westlichen Welt so erfolgreich sein?

Tatsächlich ist dies aber nur die halbe Wahrheit: Die andere Hälfte der Wahrheit ist, dass die Armen zwar auch zugelegt haben, die Reichen aber überproportional! Die Schere zwischen Arm und Reich geht also weiter auf, der Unterschied zwischen Arm und Reich wird immer größer! Im Extremfall drohen Revolutionen und Terror durch die Bevölkerungsschichten, die verarmen.

Das Wohlbefinden der Menschen hängt nicht vom absoluten, sondern vom relativen Wohlstand ab. Er darf einfach nicht extrem ungleichmäßig verteilt sein. Totale Gleichverteilung wie beim Kommunismus taugt nicht, totale Ungleichheit wie beim Kapitalismus taugt aber ebenso wenig! Selbst in seriösen Zeitungen wie der *ZEIT* werden inzwischen Alternativen zum Kapitalismus diskutiert: Titelseite vom 10.11.2011: Was *ist die Alternative zum Kapitalismus?*[54]. Die ZEIT hat bezeichnenderweise im November und Dezember 2011 in sechs Ausgaben eine ganze Serie von Artikeln zu diesem Thema publiziert.

Summa summarum ist die gegenwärtige Situation auf dem Planeten Erde nicht ausbalanciert. Sie ist nicht nachhaltig und nicht friedensfähig. Sie könnte durchaus in eine Katastrophe globalen Ausmaßes münden. Dennis L. Meadows, der Verfasser der Bücher *Grenzen des Wachstums, 1972*[55], *Die neuen Grenzen des Wachstums, 1992*[56] und *Das 30-Jahre-Update, 2002*[57] hat in einem *ZEIT Interview 1998* mit *Fritz Vorholz*[58] den globalen Kollaps vorausgesagt. Nicht als eine mögliche Option, sondern als ein mit Sicherheit zu erwartendes zukünftiges Ereignis. Er hat es mit großer Gelassenheit, ja fast mit Heiterkeit, gesagt. Hier sei auch auf das ausgezeichnete und gelassen geschriebene Buch von *Jared Diamond: Kollaps*[59] hingewiesen, in dem er untersucht, warum Völker überlebt haben und warum sie untergegangen sind. Seine Erkenntnis ist, dass ökologische Sünden in vielen Fällen Ursache des Untergangs waren.

Nachhaltig ist eine Entwicklung dann, wenn sie die Lebensgrundlagen erhält und über lange Zeiträume problemlos gelebt bzw. durchgehalten werden kann. Jeder Einzelne lebt dann nachhaltig, wenn er allen anderen auf dem Planeten gestatten kann, ebenso zu leben wie er/sie selbst, ohne dass etwas schief geht.

Die ewigen Killer der Menschheit – Hunger, Kriege/Terror, Seuchen und Katastrophen – sind also nicht verschwunden. Wir haben sie noch nicht besiegt. Wie aber beseitigen wir sie? Kann eine ausbalancierte, nachhaltige Zukunft für unsere gemeinsame Welt erreicht werden? Im nächsten Kapitel möchten wir Ihnen eine mögliche „*Therapie*" vorstellen.

6 Wo brauchen wir Kreativität am nötigsten?

6.1 Technische Innovationen und gesellschaftliche Innovationen

Technische Innovationen haben im Laufe der Menschheitsgeschichte die Lebensqualität der Menschen beachtlich verbessert. Manchmal, besonders in jüngster Zeit, verliefen diese Innovationen mit einer atemberaubenden Geschwindigkeit, sodass wir mit Fug und Recht von technischen Revolutionen sprechen können. In Kapitel 5 haben wir dargelegt, dass man in der Menschheitsgeschichte mindestens drei technische Revolu-tionen unterscheiden kann: 1) die neolithische Revolution vor etwa 10000 Jahren, als aus umherwandernden Jägern sesshafte Bauern werden, 2) im Mittelalter von 1000 bis 1300 n.Ch., als die Wassermühlen eingesetzt werden und die ersten Aktiengesellschaften entstehen, 3) die industrielle Revolution um 1800, in der die kohlebeschickte Dampfmaschine an die Stelle der wassergetriebenen Mühle tritt. An die Stelle ***erneuerbarer*** Energieressourcen Holz und Wasser treten erstmals die ***nicht erneuerbaren*** Ressourcen Kohle, später Erdöl und Uran.

Die technischen Revolutionen verliefen so schnell, dass die gesellschaftliche Evolution stets hinterherhinkte. In der Gegenwart bemühen wir uns um die soziale Anpassung an die technisch-ökonomische Globalisierung, in Deutschland z. B. darum, den Verlust von Lohnarbeitsplätzen an die Automaten und an die Billiglohnländer aufzufangen. Man hat den Eindruck, dass die technischen Innovationen zu schnell verlaufen und dass ein wachsender Bedarf an ***gesellschaftlichen*** *Innovationen* besteht. Dieser Meinung ist z. B. der Präsident des Wuppertal Instituts für Klima, Umwelt und Energie, Uwe Schneidewind. Er ist der Ansicht, dass ohne soziale Innovationen der Klimawandel nicht beherrschbar sein wird.

Wir haben den aktuellen Status der Menschheit in Kapitel 5 dargelegt: Eine extrem hohe Zahl von über sieben Milliarden Menschen lebt nun auf der Erde, mit sehr ungleichen Lebensbedingungen. Die Menschen verwenden nicht erneuerbare Ressourcen, die auszugehen drohen und die Umwelt belasten. Sie haben zudem eine technische Illusion – alles sei machbar und beherrschbar; sie nutzen die Technik exzessiv (Bumerangeffekt!). Dadurch ist die Umwelt, die unsere Lebensgrundlagen darstellt, sind Luft, Wasser und

Böden, wie auch unsere Nahrungsmittel, belastet. Das Biotop der Pflanzen und Tiere, die ganze Welt ist außer Balance. Wie geht es weiter? Wie bringen wir sie in eine angemessene Balance? Wie schaffen wir es, unsere Zahl zurückzufahren, die Lebensbedingungen aller Menschen aneinander stärker anzugleichen und den Übergang zu erneuerbaren Ressourcen zu vollziehen? Und schließlich den Bumerang-Effekt zu zügeln, der jeden Fortschritt gleich wieder zunichte macht und die Ökologie zerstört?

Gibt es Hoffnung in unserer schwierigen Situation? Tatsächlich gibt es erste Schritte in die richtige Richtung: In Deutschland hat der Kernreaktorunfall in Fukushima die Politik veranlasst, einen Ausstieg aus der Kernenergie zu beschließen. Es findet eine Hinwendung zu erneuerbaren Energieressourcen statt. In Frage kommen insbesondere Solarenergie jeder Art (Photovoltaik, Windenergie, Wasser, Wellen und Kompost) und Geothermie, die Wärme im Inneren der Erde. Wir wissen von unseren zahlreichen Thermen, dass man manchmal nicht tiefer als 500 m bohren muss, um auf heißes Wasser zu stoßen.

Österreich hat uns den Ausstieg aus der Kernenergie vorbildlich vorgemacht. Die Erzeugung von Strom erfolgt Österreichweit zu 60% aus Wasserkraft (im Bundesland Kärnten sind es sogar 80%)! Kärnten gewinnt seinen Strom durch einen Fluss – die Drau. Wir Deutsche haben den Rhein, der uns gestattet, dreimal soviel Strom zu erzeugen wie die Drau. Allerdings müsste dann die Nutzung des Rheins als Wasserstraße eingeschränkt werden.

Andere Länder, die stark in die Kernenergie investiert haben, setzen weiter unbeeindruckt auf diese. Insbesondere Frankreich und Belgien beabsichtigen zurzeit, weiterhin an der Kernenergie festzuhalten. Die insgesamt 57 französischen AKWs stellen ein ernst zu nehmendes Risiko für alle Nachbarländer dar. Noch gibt keinen europäischen, geschweige denn einen globalen Konsens bezüglich der Nutzung der Kernenergie. Hier wird es eine vorrangige Aufgabe deutscher Politik sein, die schwierige Überzeugungsarbeit zu leisten!

Weitere gesellschaftliche Umwälzungen warten auf ihre Bewältigung:

1) Der Übergang von der Lohnarbeit zur Automatenarbeit ist bereits in vollem Gange, wird aber von den meisten Menschen kaum wahrgenommen. Entsinnen Sie sich? Es hat mit der Automatisierung der Landwirtschaft und der industriellen Fertigung begonnen. Heute wird der Service-Bereich automatisiert, in atemberaubender Geschwindigkeit! Es ist ein Paradigmenwechsel ungeahnten Ausmaßes: Die Renten werden in Zukunft vermutlich nicht mehr durch die Lohnarbeit finanziert werden, nicht mehr durch immer neue Babys – sondern durch Automaten! Wichtig sein wird nur das Bruttosozialprodukt, das eine Gesellschaft erwirtschaftet. *Der Kuchen Bruttosozialprodukt* wird neu verteilt werden müssen. Dieser Übergang ist für die Gesellschaft eine Herkules-Aufgabe. Hinzu kommt, dass jede Freisetzung von Lohnarbeit von den Menschen als eine psychologische Last empfunden wird. Würde dieser an sich positive Übergang langsamer vonstatten gegangen, könnten wir uns von einer Generation zur nächsten anpassen: Neue Generationen sind offen für neue Paradigmen.

2) Das System der kapitalistischen Marktwirtschaft und des globalen Finanzsystems wirft derzeit – für jeden sichtbar – gewaltige Probleme auf. Die Frage ist, ob wir diese Probleme durch Verbesserungen lösen können, d. h. durch kleine Schritte, oder ob auch hier ein Paradigmenwechsel nötig ist – d. h. etwas völlig Neues: Muss ein anderes System geschaffen werden? Die meisten Menschen denken ja in schwarz-weiß Schablonen, z. B. Kommunismus oder Kapitalismus. Sie können sich etwas Drittes oder Viertes einfach nicht vorstellen. An dieser Stelle wird unsere Kreativität gewaltig herausgefordert! Vorschläge für eine neue Gesellschaft, wie der *Equilibrismus von Volker Freystedt und Eric Bihl*[60] sind beachtenswert. Man wünschte sich mehr solcher *wild ducks* unter uns.

6.2 Der Umgang mit technischen Risiken

Bedingt durch die Kernreaktorunfälle in Tschernobyl 1986 und Fukushima im März 2011 sowie der Möglichkeit, dass sich die Temperatur der Erdatmosphäre nach Meinung von Fachleuten durch menschliche Aktivitäten erhöhen könnte (anthropogener Treibhauseffekt), möchten wir zunächst auf den Umgang mit technischen Risiken eingehen – bevor wir Vorschläge für eine „Therapie der menschlichen Gesellschaft“ machen.

Risiko-Management ist ein schwieriges Kapitel, da die Meinungen hier weit auseinandergehen und die Risikobereitschaft der einzelnen Menschen unterschiedlich groß ist. Politiker orientieren sich häufig am Restrisiko, das ist die Wahrscheinlichkeit, mit der ein widriges Ereignis, z. B. der **G**rößte **A**nzunehmende **U**nfall (GAU) eintreten kann. Ist die Wahrscheinlichkeit, dass ein GAU eintritt, nur einmal in einer Million Jahren, dann lehnen wir uns meistens beruhigt zurück: Wir denken insgeheim, der GAU wird erst nach einer Million Jahren auftreten. Das ist jedoch ein Irrtum – er kann bereits morgen auftreten. Die Betrachtung des Restrisikos ist deshalb delikat, weil selbst sehr unwahrscheinliche Ereignisse gelegentlich eben doch passieren. Vor diesem Hintergrund ist es verständlich, dass der Bau und die Festlegung der Laufzeit von Kernkraftwerken rein politische Entscheidungen sind.

Klüger ist es, zu fragen, ob wir den GAU – im Fall eines Falles – tragen können und wollen. Beim Auto haben wir uns (klammheimlich) entschieden, einen Kollateralschaden von ca. 4000 Toten pro Jahr in Deutschland zu akzeptieren. Tatsächlich sind wir langsam „hineingeschlittert" und haben uns dadurch an die Verkehrstoten gewöhnt. Wären wir vor 100 Jahren gefragt worden: „Wollt Ihr eine Technik einführen, die einen Blutzoll von 4000 Toten pro Jahr in Deutschland fordern wird"? hätten wir sie vielleicht nicht einzuführen gewagt.

Findet ein GAU eines Kernkraftwerkes in Mitteleuropa statt, dann bedeutet dies z. B., dass vielleicht 100000 Menschen sofort bzw. verzögert nach einiger Zeit sterben werden und ein Gebiet von der Größe eines Bundeslandes unbewohnbar wird. Ist dies tragbar? Wollen wir so etwas „schultern"? Wenn nicht, dann müssen wir die Finger von der betreffenden Technik lassen!

Die technischen Risiken sind zudem von sehr unterschiedlicher Qualität: Das persönliche Risiko, in Deutschland in diesem Jahr einen tödlichen Autounfall zu erleiden, ist nicht extrem klein. Dennoch setzen wir uns täglich unbedenklich ins Auto und fahren los. Wir setzen uns also täglich erneut diesem Risiko aus. Vielleicht liegt es daran, dass wir das Gefühl haben, den Ausgang selbst beeinflussen zu können, z. B. durch besonders vorsichtiges persönliches Fahren. Das ist auch richtig.

Das Risiko beim Fliegen hat eine völlig andere Qualität: Einerseits setzen wir uns ihm nur so lange aus, als wir im Flugzeug sitzen, also meist kürzer als beim PKW. Andererseits haben wir keine Möglichkeit mehr, steuernd einzugreifen; wir fühlen uns ausgeliefert. Die einzige Möglichkeit einzugreifen besteht im Vorhinein, bei der Auswahl der Airline.

Das Risiko bei Kernkraftwerken ist wiederum von anderer Qualität als beim PKW und beim Jet: Menschen, die in der Nähe eines AKWs wohnen, sind ihm dauernd ausgesetzt, nicht nur kurzzeitig. Und sie haben keine Chance, steuernd einzugreifen. Allerdings ist das Restrisiko (in Deutschland) klein. Hinzu kommt jedoch, dass wir in Deutschland das Restrisiko anderer AKWs, z. B. in Frankreich und Belgien, mittragen müssen. Der persönliche Schaden, der hier bei einem Unfall entsteht, ist völlig anders als beim Flugzeugabsturz oder beim Autounfall: Er zeigt sich erst im Nachhinein, oft erst relativ lange Zeit danach, z. B. durch Krebserkrankungen. Die Bedrohung durch Radioaktivität bleibt zudem bestehen (verseuchte Gebiete müssen deshalb geräumt werden, Nahrungsmittel bleiben für lange Zeit belastet). Es handelt sich um ein *ewiges Feuer*.

Der renommierte Materialwissenschaftler Prof. Gerhard Ondracek, der leider im Jahre 1995 bei einem Autounfall ums Leben kam, hat in den IBM Hochschulseminaren regelmäßig Vorträge über **Die Entsorgung radioaktiver Abfälle** gehalten. Seine Schlüsselbotschaft lautete, dass es **keine sichere Endlagerung** radioaktiver Abfälle gibt. Einige Politiker sind leichtfertigerweise anderer Meinung.

Hingegen ist das „Restrisiko“ beim anthropogenen Treibhauseffekt, der vermutlich existiert, schwer bestimmbar – es kann klein sein, aber auch relativ groß. Unser Wissen ist hier begrenzt, es stehen keine Messungen über ausreichend lange Zeiträume zur Verfügung. Im Fall eines Falles könnten allerdings schlimme Dinge passieren: Im ungünstigsten Fall könnte die Erde sogar für den Menschen unbewohnbar werden. Prof. Schellnhuber, der Direktor des Potsdam-Instituts für Klimafolgenforschung (PIK), spricht deshalb mit Recht von einem *planetarischen Experiment*, das wir zurzeit durch unsere Lebensweise durchführen. Für viele ist das Szenario eines unbewohnbaren Planeten Erde schwer vorstellbar. Es sei aber daran erinnert, dass die Erde die längste Zeit, die sie existiert, für den Menschen nicht bewohnbar war!

Der *New Scientist*[61] hat in seiner Ausgabe vom 22. Oktober 2011 einen *Special Report on Climate Change* publiziert (Michael Le Page) und zusammengestelt, was wir derzeit zum Treibhauseffekt wissen und was wir noch nicht wissen. Im Editorial wird resümiert: *Die größte Unsicherheitsquelle ist nicht die Wissenschaft, ist nicht das globale Klimasystem, wir selbst sind es – in unserem Verhalten angesichts einer solchen Bedrohung. Sollte die Notwendigkeit, drastische Aktionen zu ergreifen, in der Zukunft einmal für jeden offenbar sein, werden wir die Chance (gegenzusteuern) wahrscheinlich bereits vertan haben.*

Was wir wissen:

Treibhausgase erwärmen den Planet Erde.
Es gibt Luftverschmutzungen, die den Planeten kühlen.
Der Planet wird wesentlich wärmer werden.
Der Meeresspiegel wird um mehrere Meter ansteigen.
Es wird mehr Überschwemmungen und Dürren geben.

Was wir nicht wissen:

Wie weit der Level der Treibhausgase ansteigen wird
Wie groß unsere Kühleffekte sind
Wieviel heißer es exakt werden wird
Wie sich das Klima in bestimmten Regionen ändern wird
Wie schnell der Meeresspiegel ansteigen wird
Wie ernsthaft die Bedrohung der Erwärmung für das Leben ist
Ob es mehr Hurricans geben wird
Ob und wann Punkte erreicht werden, an denen das System kippt.

Daniel Kahneman, Princeton University, Nobelpreisträger 2002 für Wirtschaftswissenschaften, hat unser eigenartiges Verhalten gegenüber Risiken analysiert und unsere Entscheidungsmuster bei unvollständigem Wissen untersucht: Wir neigen dazu, besonders vorsichtig zu urteilen, wenn entweder große Gewinne oder kleine Verluste winken, dagegen besonders unvorsichtig, wenn kleine Gewinne oder große Verluste zu erwarten sind! Dieses unser Verhalten – seltene, aber möglicherweise katastrophale Ereignisse, die unseren Erfahrungshorizont sprengen, zu unterschätzen, hat bereits in der Psychologie einen Namen erhalten – *Black Swan Effect, New Scientist No 2838 (2011)*[62] und *Daniel Kahnemann*[63]*: Thinking fast and slow.* Anfang des Jahres 2012 haben Fritz Vahrenholt, ein Ex-RWE Manager, und Sebastian Lüning ein Buch publiziert, in dem sie den Anteil, den wir Menschen am Treibhauseffekt haben, gering einschätzen. Da die Herren nicht selbst als Wissenschaftler auf diesem Gebiet tätig sind, könnte das Buch ein exzellentes Beispiel für den *Black Swan Effect* sein.

Man muss sich auch fragen, wofür wir bereit sind, schwer kalkulierbare Risiken einzugehen: Ist der Erhalt der gegenwärtigen, relativ verschwenderischen Lebensweise wirklich wichtig? Was büßen wir ein, wenn wir auf Geschirrspüler oder Wäschetrockner verzichten? Oder ein Auto fahren, das nur drei bis vier Liter Benzin verbraucht, sich zum Angeben nicht eignet und nicht schneller als 120 km/h fährt? Wer meint, darauf nicht verzichten zu können, wer meint, das wäre kein lebenswertes Leben, sagt letztlich: „Meine Großeltern haben kein lebenswertes Leben gelebt“ oder „Goethe hat kein lebenswertes Leben gelebt“. Das klingt dann doch etwas abwegig.

6.3 Der Global Marshall Plan

Es gibt inzwischen eine ganze Reihe von Initiativen, die sich zum Ziel gesetzt haben, die aus der Balance geratene Erde wieder in Balance zu bringen und die wirtschaftliche Globalisierung zu zähmen. Wir möchten hier insbesondere eine, den Global Marshall Plan, vorstellen, da er in intelligenter kreativer Weise viele wichtige Elemente verknüpft. Siehe: *F. J. Radermacher*[64] *und F. J. Radermacher, J. Riegler und H. Weiger*[65].

Diese Initiative ist im Jahre 2003 entstanden und hat sich die Verwirklichung einer globalen *öko-sozialen Marktwirtschaft* zum Ziel gesetzt, die auf den Menschen und auf die Umwelt Rücksicht nimmt. Es geht darum, die globalisierte Marktwirtschaft durch geeignete Randbedingungen soweit zu verbessern, dass sie von selbst in die richtige Richtung läuft und dass schließlich, ohne weitere Eingriffe, eine nachhaltige öko-soziale Marktwirtschaft resultiert. Dieses System wäre dann gewissermaßen selbstjustierend. Ein Staat ohne Gesetze funktioniert nicht wirklich, eine globale Wirtschaft ohne Gesetze, außer dem Freihandel, funktioniert natürlich ebenso wenig. Man kann das Ziel einer öko-sozialen Marktwirtschaft auch in Teilziele „herunterbrechen“:

– Eine gerechte Gestaltung der Globalisierung
– Ökonomische und ökologische und soziale Nachhaltigkeit
– Menschenrechte und Menschenwürde für alle.

So wird es in einer Broschüre des *Ökosozialen Forums Europa* formuliert. Als einer von uns im Jahre 2004 das erste Mal von diesem Konzept hörte, dachte er spontan begeistert: *Der Global Marshall Plan löst ja wirklich alle großen Probleme der Menschheit*!

Prof. Franz Josef Radermacher[64, 65], einer der Co-Initiatoren des Global Marshall Plans, hat drei Szenarien für die Zukunft unserer Welt entworfen:

1) Die angestrebte öko-soziale Marktwirtschaft. Sie bedeutet Ausgleich, Freiheit und Nachhaltigkeit. Sie ist friedensfähig.

2) Keine Änderung, also so weiter machen wie bisher. Dann müssen wir mit Ökokatastrophen, Technikkatastrophen, Kriege um Ressourcen, Revolutionen und Terror rechnen. Einen Vorgeschmack davon haben wir in den beiden letzten Jahrzehnten schon bekommen.

3) Keine Änderung und zusätzlich eine Ökodiktatur der Mächtigen, die den Ohnmächtigen dann vorschreiben, wieviel sie nach den Mächtigen noch verschmutzen dürfen. Das bedeutet eine deutliche Einschränkung unserer Freiheit.

Der Global Marshall Plan favorisiert natürlich die erste Lösung, d. h. eine ökosoziale Marktwirtschaft! Er ist ein Win-Win-Deal zwischen den armen und den reichen Ländern: Die reichen Länder finanzieren den armen Ländern eine Infrastruktur (z. B. Medizin und Bildung). Im Gegenzug verpflichten sich die armen Länder, ökologische und soziale Standards einzuhalten, später auch politische und steuerliche. Die armen Länder sollen es sich leisten können, auf weiteres exzessives Bevölkerungswachstum und auf exzessives Ausbeuten der Umwelt zu verzichten. Der Ablauf könnte ähnlich der EU-Erweiterung erfolgen. Hier gibt es politische Standards (Demokratie) sowie ökologische Standards, also bereits einige Erfahrung.

Die armen Länder sollen Gelegenheit bekommen, wirtschaftlich aufzuholen – ohne Umweltzerstörung. Die reichen Länder wachsen auch weiter, langsamer und mit Vorbildfunktion! Weiteres Wachstum ist möglich, falls es gelingt, die globalisierte Wirtschaft zu einer öko-sozialen Marktwirtschaft auszugestalten: Wir können global in etwa 70 Jahren sogar um den Faktor 10 (1000 Prozent!) wachsen, wenn gleichzeitig die Ökoeffizienz um den Faktor 10 verbessert wird und der Bumerangeffekt (Abschnitt 4.6) in Schach gehalten wird. Beispiel: Wachstum der armen Länder: 3200 Prozent (eine fünfmalige Verdopplung) in 70 Jahren, wenn sie um 5 Prozent pro Jahr wachsen. Wachstum der reichen Länder: 400% (eine zweimalige Verdopplung) in 70 Jahren, wenn sie um 2 Prozent pro Jahr wachsen. Ein Wachstum von 5% entspricht bereits heute dem Wachstum von Staaten, die sich entwickeln, und ein zweiprozentiges Wachstum dem von entwickelten Staaten. Diese Zahlen sind also alle realistisch.

Weiteres Wachstum ist möglich, allerdings unter Nebenbedingungen:
– Erhöhung der Energie/Materialeffizienz
– Verwendung von erneuerbaren Energieressourcen
– Vermeidung des Bumerangeffektes
– Akzeptieren eines Bevölkerungsrückgangs.

Wie sollen die etwa 100 Milliarden Euro pro Jahr, die für die Co-Finanzierung der ärmeren Länder nötig sind, aufgebracht werden? Siehe dazu *Franz J. Radermacher, Bert Beyers*[66]*:* Welt mit Zukunft, pag. 318. Der dortige Vorschlag des Global Marshall Plans ist kreativ: Durch eine geringfügige globale Besteuerung der internationalen Finanztransaktionen (Tobin-Steuer) und des internationalen Warentransports (Terra-Steuer)! Der Charme dieses Vorschlags liegt darin: 1) Im Einzelfall ist die Steuer nicht spürbar (bei Benzin z. B. 0,2 Cent pro Liter), und dennoch kommen global 100 Milliarden Euro pro Jahr zusammen, siehe *Franz J. Radermacher*[64]*;* 2) das Verfahren ist wettbewerbsneutral! Es gibt keine Belastung einzelner reicher Staaten. Außerdem werden eine Kerosinsteuer und Sonderziehungsrechte beim Internationalen Währungsfond vorgeschlagen.

Die Abwicklung soll über bestehende globale Institutionen erfolgen, wie z. B. die Welthandelsorganisation (WHO), den Internationalen Währungsfond (IWF) und die Weltbank (WB), d. h. es sollen keine neuen Institutionen mit aufwendiger Bürokratie geschaffen werden. Die erwähnten sollen auch eine Kontrolle bezüglich der Einhaltung der Vereinbarungen und eventuelle Sanktionen übernehmen.

Ein Charme des Global Marshall Plans besteht auch darin, dass er einen systemischen Ansatz macht: Es geht hier nicht darum, dass die reichen Länder die armen Länder beschenken. Es geht hier vielmehr darum, dass ein sich selbst justierendes System geschaffen wird, das die großen Unterschiede zwischen Arm und Reich im Laufe der Zeit von selbst nivelliert. Es wird zu einer gerechteren Welt führen, in der die Menschen sich insgesamt wohler fühlen werden.

Es gibt erste Fortschritte: In der Politik wird seit der Finanzkrise immerhin eine Finanztransaktionssteuer diskutiert!

6.4 Der Promoter *Denkmode,* d. h. schnelle allgemeine Akzeptanz

Um gute Ideen durchzusetzen, bedarf es in Demokratien allgemeiner Akzeptanz, d. h. die Mehrheit der Bevölkerung muss zustimmen. Sonst werden die Politiker nicht aktiv. Dies gilt für den Global Marshall Plan mit seiner Zielsetzung einer öko-sozialen Marktwirtschaft ebenso wie für andere gute Ideen. Lernen, Verstehen, Umdenken, Akzeptieren ist ein langwieriger demokratischer Prozess. Dabei sind die vor uns liegenden Aufgaben gewaltig und warten auf eine schnelle Lösung!

Auf dem Energiesektor wird das Ausgehen von Öl, Uran und Kohle die ganze Menschheit zwingen, auf ***erneuerbare Energien*** auszuweichen, wie wir es in Deutschland derzeit vorbildlich vormachen, und zwar in erster Linie auf Solarenergie im weitesten Sinne. Denn Solarenergie ist unser Energie-Einkommen, dagegen sind Öl, Uran und Kohle unser Energie-Vermögen, das bald aufgezehrt sein wird. Unser solares Energie-Einkommen ist riesig, nämlich *10^{17} KW (!),* d. h. mehr als 10000-mal so groß wie der derzeitige Energiebedarf der Menschheit, der bereits unglaublich groß ist. Die Biosphäre ist mit rund 1/1000 der 10^{17} KW zufrieden, lässt uns also zu eigener Nutzung viel übrig – den Löwenanteil!

Es gibt des Weiteren ein riesiges Energievermögen, von dem die Menschheit Jahrtausende leben kann – die Erdwärme. In der Erdkruste von 40 km Dicke ist die mittlere Temperatur 1000 °C, der Energieinhalt ist gewaltig. Die Wärmeenergie der Erdekruste ist allerdings nicht einfach zu erschließen, die Erschließung ist teuer, und die geologischen Konsequenzen der Abkühlung, z. B. Erdbeben, sind ungewiss. Das müssen jedoch keine Hinderungsgründe sein.

Durch den anthropogenen Treibhauseffekt, der für die Menschheit bereits in den nächsten Jahrzehnten nach Meinung von Fachleuten eine Bedrohung darstellen könnte, sind wir gezwungen, unsere Kohlendioxid-(CO_2-)Emissionen schnellstens zu reduzieren. Dies kann auf drei Wegen gleichzeitig erreicht werden:

- Nutzung von Solarenergie oder Erdwärme
- Effizientere Herstellung und Verwendung der Energie
- Energiesparen.

Die riskante Kernenergie stellt auch nur eine vorübergehende Lösung dar. Uran ist nämlich nur in begrenztem Umfang verfügbar. Ein Ausweg wäre die Brütertechnik; sie wird aber auch von „Hartgesottenen“ als hochriskant angesehen! Vielleicht stellt ja die Bindung von CO_2 (Carbon Capturing), z. B. als flüssiges CO_2 in großer Meerestiefe, eine mögliche Lösung für das Problem des anthropogenen Treibhauseffektes dar. Sie muss aber noch erprobt werden. Die Kernfusion wird seit Jahrzehnten erforscht, hat aber bis heute noch zu keiner praktikablen Energiegewinnung geführt. Auch hier bestehen Umweltrisiken.

Die Industrie und den kommerziellen Verkehr kann man durch CO_2-Emissionshandel zur CO_2-Reduktion motivieren, die Zivilgesellschaft durch ***Denkmoden!*** Warum Denkmoden? Menschen von der Qualität guter Ideen zu überzeugen, ist meist ein zeitraubender Prozess, 51 Prozent der Menschen in einem Land zu überzeugen – ein extrem zeitraubender! Besonders wenn eine Änderung des bisherigen Lebensstils gefragt ist. Und schon ganz und gar, wenn Einschränkungen akzeptiert werden sollen, wo man sich das *off-road*-Fahrzeug oder gar den Porsche, notfalls mit Hilfe eines Bankkredits, doch finanziell leisten kann! ...

Wenn dagegen eine *Denkmode* kreiert wird (erinnern Sie sich an die Mülltrennung?) geht alles rasend schnell! Unter anderem deshalb, weil die Menschen nicht einmal den vollen Durchblick brauchen ... Damit entfällt eine aufwendige zeitraubende Überzeugungsarbeit! Menschen schätzen das Gefühl, in großen Gruppen zu agieren und zudem Beachtung zu finden – möglichst gekoppelt mit einem Spiel. Nie wurde mehr Geld gespendet als bei TV-Spielen, an denen Millionen Menschen teilnahmen!

Hier sind also die Medien gefragt, die die geeignete Plattform bieten, solche guten Ideen voranzubringen. Zurzeit agieren sie allerdings noch zu selten in die richtige Richtung und übernehmen zu selten die gesellschaftliche Verantwortung, die sie eigentlich haben.

Menschen sind leider verführbar zu ungeschicktem Verhalten, das ihnen langfristig nicht bekommt (zu fette Ernährung, Bewegungsarmut durch exzessives Autofahren, verschiedene Formen der Gier). Das wird raffiniert und hemmungslos vom Business ausgenutzt, um Profit zu erzielen. Wie aber erreichen wir Akzeptanz für Sinnvolles, für Positives? Durch **Moden**! Eine neue Partei hat uns gerade vorgemacht, wie wirkungsvoll Moden sein können – die ***Piraten***! Aus dem Stand haben sie über 10% Akzeptanz im Volk erreicht und die etablierten Parteien das Fürchten gelehrt! Mit etwas unausgegorenen Ideen. Aber auf dem Fundament der Akzeptanz haben sie nun die Chance weitere bessere Ideen zu kreieren und ... vielleicht auch umzusetzen! Deren Umsetzung auf dem Wege über die Einsicht aussichtslos gewesen wäre. Wir dürfen gespannt sein, wie es mit den *Piraten* weitergeht!

Allerdings gibt es auch ein Risiko bei Moden – jeder Art: Sie sind oft kurzlebig. Man darf aber hoffen, dass Menschen schließlich und endlich zu einer dauerhaften Einsicht gelangen, wenn die Mode erst einmal zu gewünschten positiven Resultaten geführt hat!

6.5 Kreativität und Ethik

Ethik sind die Spielregeln, nach denen das Zusammenleben der Menschen abläuft. Was ist gut und was ist böse? Was ist richtig und was ist falsch? Die Frage ist, ob wir hier genetisch vorprogrammiert sind oder unsere Spielregeln nur erworben sind — Vereinbarungen, die heute gelten, aber vielleicht schon morgen nicht mehr? Die zudem in jedem Land dieser Erde verschieden sind. So sind die Sitten, die Meinung von dem, was richtig ist, z. B. im islamischen Bereich in Teilen anders als im christlichen.

Tatsächlich gibt es beides: Die zehn Gebote etwa sind die Basis einer Ethik bzw. allgemein menschlicher Gesetze, die in jedem Land dieser Erde akzeptiert werden können. Darüber hinaus gibt es aber auch „vergängliche Spielregeln“, die zudem in den einzelnen Ländern verschieden und kulturell geprägt sind.

Welche Beziehung haben Kreativität und Ethik zueinander? Wir haben festgestellt, dass Kreativität oft das Überschreiten von Grenzen bedeutet, die andere oder wir selbst uns gesetzt haben. Ethik bedeutet dagegen das Respektieren von Grenzen. Sie scheinen also Antipoden zu sein. Aber von welchen Grenzen sprechen wir?

In der Wissenschaft und in der Technik stellt sich oft die Frage, was können wir tun, was sollten wir unterlassen: Sollten wir die Kernkraft friedlich zur Stromgewinnung nutzen? Oder ist diese Technik zu riskant?

Wie weit können wir in der so aussichtsreichen Gentechnik gehen? Sollten wir die Gene von Nutzpflanzen manipulieren? Die Gene von Menschen?

Können wir so weit gehen, befruchtete menschliche Eizellen zur Gewinnung von omnipotenten Stammzellen zu nutzen? Aus denen sich neue Organe zur Transplantation züchten lassen. Sollten wir der Präimplantationsdiagnostik (PID) zustimmen?

Jacques Neirynck beantwortet diese Fragen in seinem Buch *Science est Conscience*[67] (Untertitel: *le cas du génie génétique*), wie es der Titel andeutet: Wissenschaft sollte frei sein, ohne einschränkende Grenzen. Beim Übergang zur technischen Nutzung, zur unwiderstehlich erscheinenden Anwendung sollten jedoch ethische Regeln beachtet werden. Die im Falle der Anwendung der Molekularbiologie sogar noch zu definieren wären.

Reimar Spohr kommt in seinem Essay in Research Ethics *Progress and Taboo*[68] zum Konzept eines *respektvollen Ungehorsams*. Wieder stoßen wir hier auf die beiden gegensätzlichen Begriffe Respekt (er bedeutet das Achten von Grenzen) und Ungehorsam (er bedeutet das Überschreiten von Grenzen). Dieses Überschreiten ist notwendig für Kreativität, allerdings nicht hinreichend. Dieses Konzept würdigt also beide, sowohl den kreativen Ungehorsam als auch das Respektieren bestimmter Grenzen.

Welchen Aspekt der Ethik wollen wir hier betrachten? Wir möchten hier pragmatisch die überall akzeptierten allgemein menschlichen Gesetze, bei denen kein Diskussionsbedarf mehr besteht (ob sinnvoll oder nicht), unter die Lupe nehmen. Unter ethischem Verhalten soll also *anständiges faires Verhalten gegenüber den Mitmenschen und auch gegenüber Tieren* verstanden werden: Im Business z. B. sind Win-Win-Deals fair, bei denen beide Partner profitieren. Im privaten Bereich haben die meisten zumindest eine gewisse Vorstellung davon, was mit fair gemeint ist: Nicht betrügen, nicht über den Tisch ziehen, nicht übervorteilen.

Manch einer wird sagen, wir haben doch unsere Gesetzbücher, die definieren unsere Ethik. Das ist aber zu kurz gegriffen: die Gesetze sind ein ethischer Rahmen, der jedoch nicht alles erfasst. So ist zum Beispiel zwar Betrug in Gelddingen (einklagbar!) geregelt, aber nicht Betrug im Bett. Es sei denn, er wirkt sich finanziell aus oder es ist Vergewaltigung im Spiel. Diese Art Betrug ist gesetzlich nicht geregelt. Dass Gesetz und Ethik nicht das Gleiche sind, erfahren wir in diesen Tagen: Unser ehemaliger Bundespräsident hat sich einerseits, was das Gesetz betrifft, im Jahre 2011 korrekt verhalten; sein Handeln war in Übereinstimmung mit dem Gesetz. Ethischen Ansprüchen hat sein Handeln, da er die volle Wahrheit verschwiegen hat, jedoch nicht genügt.

Genauso wenig, wie sein ungeniertes Vereinnahmen der hohen, per Gesetz vorgesehenen „Ruhestandsbezüge" nach seinem Rücktritt. Aus Steuergeldern wird nun für Herrn Wulff jährlich das halbe Lebenseinkommen eines normalen Menschen aufgewendet – ohne Gegenleistung …

Ein anderer wird sagen, die Sentenz *„Was Du nicht willst, das man Dir tu', das füg' auch keinem anderen zu"* sei ein exzellenter Leitfaden. Das ist allerdings ebenfalls zu kurz gegriffen, da die Menschen zu unterschiedlich sind: Stellen Sie sich vor, ein lärm*un*empfindlicher Mensch überlegt, ob er einem lärmempfindlichen Nachbarn die lärmige Motorsäge zumuten darf. Er wird es natürlich tun – gemäß diesem Leitsatz. Und dennoch rücksichtslos handeln! So ganz einfach ist es offenbar mit der Ethik doch nicht.

In der Vergangenheit waren Leitfiguren für die Gesellschaft ethische Vorbilder. Solche Leitfiguren waren einst z. B. Politiker (Konrad Adenauer oder Theodor Heuss) und Unternehmer (Robert Bosch oder Gottlieb Daimler) und Künstler (Dirigent Wilhelm Furtwängler) und Wissenschaftler (Albert Einstein oder Werner Heisenberg). Diese Menschen waren alles honorige Persönlichkeiten, die wir achteten und die nicht durch Affären von sich reden machten. Tatsächlich dürfte es bei ihnen auch „gemenschelt" haben. Aber davon verlautete nichts durch die Medien.

Es gab in unserem Lande sogar ganze Institutionen, die eine ethische Vorbildfunktion ausübten – die katholische und die evangelische Kirche. Die Kirchen wussten, was gut und böse ist, sagten ihren „Schäfchen", worin ethisch einwandfreies Verhalten besteht, und nahmen außerdem karitative Aufgaben wahr. Gott ist zudem eine unantastbare Leitfigur, an der man nicht zu „rütteln" wagt; jedenfalls gibt es keine bessere.

Diese gute alte Zeit ist Vergangenheit: Politiker sind keine respektablen Leitfiguren mehr, sondern eher lächerlich, Unternehmer und Topmanager geldgierig und geizig, selbst Wissenschaftler betrügen gelegentlich. Und die Kirchen haben nach dem Bekanntwerden von Kindesmissbrauch ebenfalls ihre Unschuld und ihre Vorbildfunktion mindestens teilweise eingebüßt. Nicht vollständig, denn sie nehmen verantwortungsbewusst viele karitative Aufgaben wahr: Einer von uns hat z. B. dieser Tage an einem Mittagstisch der Kirchen für Bedürftige teilgenommen: Für 1,50 Euro gab es ein Mittagessen mit drei Gängen! Der Verlust von Vorbildern ist traurig, denn ohne „Leitfiguren" geht es in der menschlichen Gesellschaft nicht – wir sind ja „Herdentiere". Ob die modernen „Ersatzhelden" (Fußballspieler, Autorennfahrer, Fernsehmoderatoren, Musik- und Filmstars und manche Manager) den Verlust aufwiegen, ist fraglich ... Hans Küng, der emeritierte Professor für *Ökumenische Theologie*, übt heftige Kritik daran, dass die Bereitschaft zunimmt, für den materiellen Erfolg auch *unredliche Mittel einzusetzen*[69].

Ein gutes Beispiel ist der Aufkauf von Bankkundendaten durch deutsche Steuerfahnder in der Schweiz im Jahre 2010 – um Steuerhinterziehung aufzudecken. Ein Krimineller wurde hoch belohnt und der deutsche Staat wurde durch diese Handlung selbst „kriminell". Der Volksmund stuft es richtig ein: *Der Hehler ist genau so schlimm wie der Stehler*! Im März 2012 ist nun in der Schweiz ein Haftbefehl gegen die involvierten deutschen Finanzbeamten erlassen worden – wegen Wirtschaftsspionage. Man muss es sich auf der Zunge zergehen lassen: Einerseits verfolgt der Staat Bürger, die keine Steuern zahlen, als hochkriminell, auf der anderen Seite sichern sich Politiker durch entsprechende Gesetzgebung legale Steuerfreiheit ihrer Einkünfte – so geschehen bei vielen EU-Beamten in Brüssel.

Ein weiteres gutes Beispiel für unethisches Verhalten sind Fonds der Deutschen Bank, die ***Wetten auf den Tod*** darstellen! Eine Lebensversicherung dient dazu, z. B. eine Familie beim überraschenden vorzeitigen Tod des Familienvaters abzusichern. Das ist keine Wette auf den Tod. Schon seit einiger Zeit bündeln aber Banken vorzeitig verkaufte Lebensversicherungen zu Fonds, die eine besonders hohe Rendite abwerfen, wenn möglichst viele der Verkäufer frühzeitig sterben. Die Deutsche Bank hat dieses Verfahren nun auf die Spitze getrieben: Im Fond ***db Kompass Life 3*** sind keine aufgekauften Lebensversicherungen mehr gebündelt. Er ist vielmehr eine Wette auf die mittlere Lebensdauer einer Gruppe von Menschen! Die unabhängige Ombudsstelle des privaten Bankenverbands ist der Meinung, dass dieses Modell mit unserer Werteordnung und der Unantastbarkeit der Menschenwürde nicht in Einklang zu bringen sei! Berichtet die Süddeutsche Zeitung in ihrer Ausgabe vom 7.2.2012.

Auch aktuelle Überlegungen in der Politik, neue Konsumenten im Auto-Business zu kreieren, indem man bereits jungen Menschen im Alter von 16 Jahren den Führerschein zuerkennt, sind jenseits guter Ethik. Es ist bekannt, dass die Zahl schwerer Unfälle in der Altersgruppe unter 20 Jahren besonders hoch ist!

Weiter erläutert Hans Küng, dass, wenn ein Fehlverhalten ruchbar wird, man es abstreite und den Medien, die den Skandal aufdeckten, die Schuld gebe.

Am Ende sei ein völliger Mangel an Kultur, Scham und Reue festzustellen. Wir kennen aus jüngster Zeit Beispiele im politischen Bereich in höchsten Positionen. Vielleicht könnte unsere Demokratie durch die Abschaffung des Berufspolitikers weiterentwickelt werden – durch Beschränkung auf eine Legislaturperiode. Dann würde die Schaffung von einträglichen Pfründen schwieriger, ebenso wie eine Gesetzgebung, durch die Politiker sich selbst begünstigen (Frauenquote in Vorstandsetagen)!

Tatsächlich gewinnt man den Eindruck, dass in den modernen Gesellschaften reicher Länder, zu denen Deutschland zählt, die besprochene Ethik langsam verloren geht: Es ist ein synergetischer Effekt, der uns alle betrifft. Mehr oder weniger offen betrügt, belügt und besticht man einander oder veruntreut – durchaus auch einklagbar. Beim Einkaufen versucht man, „Schnäppchen" zu machen, d. h. möglichst unter dem Herstellpreis einzukaufen. Billigwaren-Geschäfte wie ALDI, LIDL und Kaufmarkt werden bevorzugt. Es wird nicht hinterfragt, ob der Warenpreis fair ist, d. h. ob der Zulieferer von ALDI einen angemessenen Preis für sein Unternehmen und seine Mitarbeiter erzielt. Von Win-Win-Deal keine Spur mehr. Im Straßenverkehr geht es rüde zu: Der Autofahrer benutzt sein Auto als „Waffe" und jagt den Fußgänger von der Straße (einer von uns hat es gerade erfahren) oder nimmt dem anderen Autofahrer ungeniert und riskant die Vorfahrt oder beschädigt ein anderes Fahrzeug rücksichtslos auf dem Parkplatz oder fährt selbst bei Nebel mit überhöhter Geschwindigkeit. Manche Autofahrer verhalten sich so, als sei die zulässige Höchstgeschwindigkeit eine Mindestgeschwindigkeit!

In unserer modernen westlichen Gesellschaft wird letztlich fast alles durch die Wirtschaft und deren Profit bestimmt. Selbst die Politik, offiziell Vertreter des Volkes, spielen da mit – oft nicht unbedingt im Interesse eben dieses Volkes. Die Zuwanderung von Migranten in unser Land in den letzten Jahrzehnten ist nicht etwa aus altruistischen Motiven erfolgt, beispielsweise um anderen Menschen zu helfen, sondern weil wir zunächst Arbeitskräfte in der Wirtschaft benötigten, anschließend, in der nachfragegesättigten Gesellschaft, Konsumenten! Nun müssen wir allerdings dafür sorgen, dass diese zugewanderten Konsumenten auch Kaufkraft haben …

Wir haben es in Kapitel 5 erwähnt: Banken geben 100% Kredite, fast unabhängig von der Bonität ihrer Schuldner. Sie ermutigen diese regelrecht, über ihre Verhältnisse zu leben – mit der Droge *Kredit*. Man fragt sich: Müssten die Banken als Gläubiger nicht um ihr Geld fürchten, das sie verliehen haben? Keineswegs, die Story läuft tatsächlich so: Der Schuldner zahlt einige

Jahre für seine erworbene Immobilie treu und brav eine Annuität, die etwa einer doppelten Miete entspricht (für Zinsen und Rückzahlung). Irgendwann *geht ihm* aber *die Luft aus.* Dann übernimmt die Bank die Immobilie und versteigert sie. Zinsen plus teilweise Rückzahlung plus Versteigerungserlös ergeben einen fantastischen Profit für die Bank. Win-Win-Deal ade, Ethik ade …

Ein extrem kreativer Schritt wäre es zum Beispiel, die Wirtschaft ganz ohne Kredite zu betreiben! Es geht zwar viel langsamer als mit Krediten, aber solider und nachhaltiger: Leistung (statt Cleverness) lohnt sich dann wieder, die Verführung zu negativen Antrieben wie Egoismus und Gier werden dann drastisch abnehmen! Es wird kein „Griechenlandproblem" mehr geben und die Finanzkrise wird sich, mit den Krediten, ins Nichts auflösen! … Einer der beiden Autoren hat in den letzten 35 Jahren ganz ohne Kredite gelebt – und zwar ausgezeichnet gelebt!

Alle Gruppen der Gesellschaft haben dazu beigetragen, dass uns die Ethik verloren geht: das Business, die Banken, die Politik, die Wissenschaft, die Kirchen und schließlich wir alle miteinander, die wir uns von Business, Banken und Politik haben verführen lassen – zu einem ethikfreien Lebensstil, der von Gier geprägt ist. Gier aber ist der Verlust der Freiheit: *Der Philosoph Diogenes dagegen in seiner Tonne – ohne Ansprüche – fühlte sich frei.* In jeder Gesellschaft gibt es eine Synergie, einen Zeitgeist: Wir haben einen ethikfreien Zeitgeist. Jeder ist sich selbst der Nächste, versucht den anderen geschickt zu übervorteilen. Win-Win-Deals sind die Ausnahme geworden.

Ethik ist jedoch wichtig für eine Gesellschaft, weil sonst die guten Ansätze wie *Fortschritt für alle – nicht nur für einige* – immer wieder unterlaufen werden. Zum Beispiel war die Idee eines Handels mit Verschmutzungsrechten bei den CO_2-Emissionen ein guter Vorschlag: Eine Reduktion der Emissionen wird nämlich durch die Marktwirtschaft erreicht. Er ist jedoch inzwischen vielfach betrügerisch unterlaufen worden. Ohne Ethik wird der Rebound-Effekt sichtbar, der jeden technischen Fortschritt sofort wieder zunichte macht.

Horst-Eberhard Richter hat in seinem Buch *Moral in Zeiten der Krise (2010)*[70] den Verlust des Wertebewusstseins festgestellt und *einen moralischen Aufbruch* angemahnt. Wie aber können wir Ethik erhalten bzw. zurückgewinnen? Die Beantwortung dieser Frage ist von größter Bedeutung für unsere Gesellschaft. Vielleicht erreichen wir ja, dass es *Mode wird, Gutes zu tun*, nicht nur an Weihnachten? Hier ist unser aller Kreativität gefragt, liebe Leser – auch Ihre! Hier sind wir alle regelrecht herausgefordert! Wir geben jedoch die Hoffnung nicht auf, sonst hätten wir ja von vornherein verloren.

Nachsatz: Während der Fertigstellung der ersten Auflage dieses Buches ist ein ausgezeichnetes beachtenswertes Buch publiziert worden, das wir hier erwähnen möchten: Heiner Geißler: Sapere aude![71]. Der Autor schreibt in allgemeinverständlicher Form über ökonomischen, klerikalen, islamischen und politischen Absolutismus und fordert eine neue Aufklärung!

Die Publikation eines weiteren hochinteressanten Buches erfolgte dann im August 2014: Gerfried Zeichen: Ingenieure an die Schalthebel[72]. Professor Zeichen zeigt in seinem Buch, dass Ingenieure, die – als Komplex-Könner – synergetisch mehrere Fähigkeiten in einer Person zusammenführen (technisches und ökonomisches Wissen, ökologisches Bewusstsein, Empathie und Führungsfähigkeit) in besondere Weise qualifiziert sind, ein Unternehmen langfristig erfolgreich am Markt zu positionieren, d. h. nachhaltig zu führen. Der Ingenieur ist zugleich Chefentwickler und Unternehmenslenker, wie das Daimler und Bosch einst so erfolgreich waren und andere, wie Leitner (Fa. Andritz), Leibinger (Fa. Trumpf), Reitzle (Fa. Linde AG) und Stoll (Fa. Festo) heute auch sind. Die Synergie alter Tugenden generiert dann eine neue Tugend – die Nachhaltigkeit im weitesten Sinn! Dieses Buch sollte für alle Ingenieure, insbesondere die angehenden, von hohem Wert sein.

7 Literatur

7.1 Literaturliste in der Reihenfolge des Auftretens

[01] New Scientist No 2777 (11.09.2010) 51, Miller A I: Genius unravelled
[02] ZEIT Nr 35 (24.8.2006): Drösser, Ch: Jahrhunderträtsel, Poincaré-Vermutung
[03] Zobel, Dietmar: Kreatives Arbeiten, 2007, expert verlag
[04] Zobel, Dietmar: Systematisches Erfinden, 3. Aufl., 2004, expert verlag
[05] Singh, Simon: Fermats letzter Satz, 2000, DTV, München
[06] New Scientist No 2811 (07.05.2011) 10, Editor: Maths can be better together
[07] Koestler, Arthur: The Act of Creation, 1989, Arkana Penguin Books, London
[08] New Scientist No 2707 (09.05.2009) 32, Motluk A: 8 ways to booste creativity
[09] Malone, M S: Der Mikroprozessor, 1996, Springer, Berlin
[10] Malozemoff, A et al.: HTS in der Technik, PhiuZ 4/2006 (37) 162
[11] Curl, R F; Smaley, R E: Fullerene, Spektrum der Wissenschaft, Dez 1991
[12] http://de.wikipedia.org/wiki/Kohlenstoff [Stand: Juli 2012]
[13] New Scientist No 2792 (27.12.2010), Kurzweil R: Bridges to immortality
[14] ZEIT Nr 10 (03.03.2011), Sari Nusseibeh: Interview
[15] ZEIT Nr 04 (20.01.2011), Keller, Martina: Preis des Lebens
[16] Wengenmayer R, TECHMAX Ausgabe 8, Frühjahr 2007
[17] New Scientist No 2801 (26.02.2011) 24, Gupta S: Sticky feet /insect-bot climing
[18] New Scientist No 2804 (19.03.2011) 27, Marks P: Mosquito needle helps ...
[19] http://www.michaelbach.de/ot [Stand: Juli 2012]
[20] ZEIT Nr 41 (07.10.2010), Schnabel U, Rauner R: Ein Duo mit Spieltrieb
[21] New Scientist No 2786 (13.11.2010) 12, Hamzelou J: Blood bubbles fight disease
[22] IBM Innovation 1987, Dept. CCP, 900 King Street, Rye Brook, NY 10573
[23] Kao, K C: Dielectric-fiber waveguides Proc.IEEE 113,7 (1966) 1151
[24] http://www.nobelprize.org/nobel_prizes/physics/laureates/2009/**kao**-lecture.html [Stand: Juli 2012]
[25] Maillet, Fabienne et al: Selbstdüngung, Nature 469 (2011) 58-63.
[26] New Scientist No 2811 (07.05.2011) 8-9, Coghlan, Andy: crops self-fertilise
[27] http://de.wikipedia.org/wiki/Computer [Stand: Juli 2012]
[28] http://de.wikipedia.org/wiki/Transistor [Stand: Juli 2012]
[29] http://en.wikipedia.org/wiki/File:Hard_drive_capacity_over_time.svg [Stand: Juli 2012]
[30] http:/www.intel.com/pressroom/kits/quickrefyr.htm#1971 [Stand: Juli 2012]
[31] http://www.lenovo.com/lenovo/de/de/history.html#link_2000 [Stand: Juli 2012]
[32] http://www.ibm.com/ibm/de/de/pcannouncement/ [Stand: Juli 2012]
[33] www.izmf.de Wie entwickelte sich der digitale Mobilfunk in Deutschland? [Stand: Juli 2012]
[34] www.apple.com/iphone Multifunktionsgerät Handy [Stand: Juli 2012]
[35] ZEIT Nr 27 (30.06.2011) 44, Grafik: Smartphone von innen
[36] New Scientist No 2834 (15.10.2011) 39, Hecht J: Smartphones (Impossible Invent.)

[37] NewScientist No.2834 (15.10.2011) 42, Mackenzie, Dana: Turbo Encoders
[38] New Scientist No 2815 (04.06.2011) 23, Aron, Jacob: Virtual money gets real
[39] ZEIT Nr 24 (09.06.2011) 23-24, Hamann G: Im Internet auf Rabattjagd
[40] ZEIT Nr 32 (04.08.2011) Fischermann/Hamann: Kontrollverlust (Hackers)
[41] New Scientist No 2821 (16.07.2011) 42, Ananthaswamy A: The Splinternet
[42] Spiegel Nr 49 (5.12.2011) 70-81, Bethge, Philip et al.: Die fanatischen Vier
[43] Spohr, Reimar: GSI Nachrichten 3/80; http://physicsconsult.de
[44] Busch W: Aberteuer eines Junggesellen, 2010, Kessinger Pub Co, USA
[45] www.deutsche-apotheker-zeitung.de/pharmazie/news/2010/05/26/dca-als-krebsmedikament.html [Stand: Juli 2012]
[46] Weizsäcker, Ernst Ulrich v.: Faktor Fünf, 2010, Droemer Verlag, München
[47] Neirynck J: Der göttliche Ingenieur, 7.Aufl. 2008, expert verlag, Renningen
[48] McEvedy C; Jones R.: Atlas World Popul. Hist., 1978, Penguin Books, NY
[49] New Scientist No 2808 (16.4.2011), Wilkinson, R et al.: Divided we fail…
[50] New Scientist No 2806 (2.4.2011) 27, Bongaarts, J., Population Council, NY
[51] Statist.Bundesamt: Bevölkerung D bis 2060 (Pressekonferenz 18.11.2009, Berlin)
[52] New Scientist No 2105 (25.10.1997) Pearce, Fred: Devil in the Diesel
[53] Dürrenmatt F: Die Physiker, 1980, Diogenes Taschenbücher, Zürich
[54] ZEIT Nr 46 (10.11.2011) Uchatius W: Kapitalismus in der Reichtumsfalle
[55] Meadows D L: Die Grenzen des Wachstums, 1.Auflage 1972, DVG Stgt
[56] Meadows D u. D L: Die neuen Grenzen des Wachst., 1992, DVG, Stgt
[57] Meadows D L: Grenzen des Wachst., 30-Jahre-Update, 2009, Hirzel, Stgt
[58] ZEIT Nr 09 (19.02.1998), Vorholz F: Der Kollaps kommt (mit Meadows, D L)
[59] Diamond, Jared: Kollaps. 4. Auflage 2010, Taschenbuch Verlag, Frankf/M
[60] Freystedt, Volker, Bihl, Eric: Equilibrismus, 2005, Signum Verlag, Wien
[61] New Scientist No 2835 (22.10.2011) 36 Le Page M: Report on Climate Change
[62] New Scientist No 2838 (12.11.2011) 39, Douglas, Kate: Making your mind up
[63] Kahnemann D: Thinking fast and slow, 2011, Penguin books, London
[64] Radermacher F J: Der Global Marshall Plan, 2004, Öko. For. Europa, Wien
[65] Radermacher FJ et al.: Öko. Marktwirtschaft, 2011, oekom verlag, München
[66] Radermacher FJ; Beyers B: Welt mit Zukunft, 2011, Murmann Verlag, HH
[67] Neirynck J: Science **est** Conscience, 2005, PPUR, Lausanne
[68] Spohr R: http://physicsconsult.de/02_home/presentation/.pdf
[69] Küng H: Stuttgarter Nachrichten vom 13. Oktober 1990
[70] Richter H-E: Moral in Zeiten der Krise, 2010, Suhrkamp, Berlin
[71] Geißler, H: Sapere aude! 2012, Ullstein Buchverlag, Berlin
[72] Zeichen, Gerfried: Ingenieure an die Schalthebel, 2014, Linde Verlag, Wien

7.2 Alphabetische Literaturliste

Busch W: Abenteuer eines Junggesellen, 2010, Kessinger Pub Co, USA
Buzan T: Use your Head, 1974, ISBN 0-563-10790-1
Curl R F, Smaley R E: Fullerene, Spektr. Wiss., Dez 1991
De Bono E: Laterales Denken, 1971, Rowohlt, Reinbek
Diamond J: Kollaps. 4. Aufl., 2010, Taschenbuch Verl., Frankf/M
Dueck G: Aufbrechen!, 2010, Eichborn, Frankf/M
Dürrenmatt F: Die Physiker, 1980, Diogenes Taschenbücher, Zürich
Eichhorn W; Sollte D: Kartenhs Weltfinanzsystem, 2009, Fischer TV, Frankf/M
Freystedt V; Bihl, E: Equilibrismus, 2005, Signum Verl., Wien
Geißler H: Ou Topos, 2. Aufl. 2010, Rowohlt Taschenbuch Verl., Reinbek
Hofstadter, D R: Escher, Gödel, Bach, 1991, Deutscher TV, München

http://de.wikipedia.org/wiki/Computer [Stand: Juli 2012]
http://de.wikipedia.org/wiki/Kohlenstoff [Stand: Juli 2012]
http://de.wikipedia.org/wiki/Transistor [Stand: Juli 2012]
http://en.wikipedia.org/wiki/File:Hard_drive_capacity_over_time.svg [Stand: Juli 2012]
http://www.apple.com/iphone Multifunktionsgerät Handy [Stand: Juli 2012]
http://www.deutsche-apotheker-zeitung.de/pharmazie/news/2010/05/26/dca [Stand: Juli 2012]
http://www.ibm.com/ibm/de/de/pcannouncement/ [Stand: Juli 2012]
http://www.izmf.de Wie entwickelte sich der digitale Mobilfunk in Deutschland? [Stand: Juli 2012]
http://www.lenovo.com/lenovo/de/de/history.html#link_2000 [Stand: Juli 2012]
http://www.michaelbach.de/ot [Stand: Juli 2012]
http://www.nobelprize.org/nobel_prizes/physics/laureates/2009/kao-lecture.html [Stand: Juli 2012]
http:/www.intel.com/pressroom/kits/quickrefyr.htm#1971 [Stand: Juli 2012]

IBM Innovation 1987, Dept. CCP, Rye Brook, NY 10573
Jischa M F: Herausforderung Zukunft, 2005, Spektr. Akad.Verl., München
Kao K C et al.: Dielectric-fiber waveguides, Proc.IEEE, Vol.113,7 (1966) 1151
Kapitza S: Global Population Blow up, 2006, Global Marshall Plan, Hamb.
Koestler A: The Act of Creation, 1989, Arkana Penguin Books, London
Küng H: Stuttgarter Nachrichten vom 13. Oktober 1990
Maillet F et al: Selbstdüngung, Nature 469 (2011) 58-63.
Malone M S: Der Mikroprozessor, 1996, Springer, Berlin
Malozemoff A et al.: HTS in der Technik, PhiuZ 4/2006 (37) 162
McEvedy C et al.: Atlas of World Population Hist., 1978, Penguin Books, NY
Meadows D L: Die Grenzen des Wachstums, 1.Aufl. 1972, DVG Stuttgart
Meadows D L: Grenzen des W, 30-Jahre-Update, 2009, Hirzel, Stuttgart
Meadows D u. D L: Die neuen Grenzen des W, 1.Aufl. 1992, DVG, Stuttgart
Neirynck J: Der göttliche Ingenieur, 7.Aufl. 2008, expert verlag, Renningen
Neirynck J: Science **est** Conscience, 2005, PPUR, Lausanne
New Scientist No 2821 (16.07.2011) 42, A. Ananthaswamy: … Splinternet

New Scientist No 2835 (22.10.2011) 36 M Le Page: Report on Climate Change
New Scientist No 2105 (25.10.1997), Fred Pearce: Devil in the Diesel
New Scientist No 2801 (26.2.2011) 24, S Gupta: Sticky feet/insect-bot climing
New Scientist No 2804 (19.3.2011) 27, P Marks: Mosquito needle helps …
New Scientist No 2811 (7.5.2011) 8, A Coghlan: … crops self-fertilise
New Scientist No 2815 (4.6.2011) 23, J Aron: Virtual money gets real (Bitcoin)
New Scientist No 2707 (9.5.2009) 32, A Motluk: Booste your creativity!
New Scientist No 2777 (11.9.2010) 51, A I Miller: Eureka! Genius unravelled
New Scientist No 2786 (13.11.2010), J Hamzelou: Blood bubbles fight disease
New Scientist No 2792 (27.12.2010), R Kurzweil: Bridges to immortality
New Scientist No 2811 (7.5.2011) 10, Editor: Maths can be better together
New Scientist No 2806 (2.4.2011) 27, Population Expert J. Bongaarts NY
New Scientist No 2808 (16.4.2011), R Wilkinson, K Pickett: Divided we fail…
New Scientist No 2838 (12.11.2011) 39, K Douglas: Making your mind up
New Scientist No. 2834 (15.10.2011) 39: J. Hecht: Smartphones
New Scientist No. 2834 (15.10.2011) 42: D Mackenzie: *Turbo Encoders*

Radermacher F J et al.: Welt mit Zukunft, 2011, Murmann Verl., Hamburg
Radermacher F J et al.: Ökosoz. Marktwirtschaft, 2011, oekom verl., München
Radermacher F J: Der Global Marshall Plan, 2004, Ökosoz. For. Europa., Wien
Richter H-E: Moral in Zeiten der Krise, 2010, Suhrkamp, Berlin
Singh S: Fermats letzter Satz, 2000, DTV, München
Spiegel Nr.49 (5.12.2011) 70, Ph. Bethge et al.: Die fanatischen Vier
Spohr R: GSI Nachrichten 3/80 und http://physicsconsult.de
Spohr R: http://physicsconsult.de/02_home/presentation/.pdf
Statist.Bundesamt: Bevölkerung D bis 2060 (Pressekonf. 18.11.2009, Berlin)
Wagner H J: Was sind die Energien des 21. Jahrh.?, 2008, Fischer TV, Frankf/M
Weizsäcker E U v.: Faktor Fünf, 2010, Droemer Verl., München
Wengenmayer R: TECHMAX Ausg. 8, Frühjahr 2007
Zeichen, Gerfried: Ingenieure an die Schalthebel, 2014, Linde Verlag, Wien

ZEIT Nr 04 (20.1.2011), M Keller: Preis des Lebens.
ZEIT Nr 09 (19.2.1998), F Vorholz/D L Meadows: Der Kollaps kommt!
ZEIT Nr 10 (3.3.2011), Sari Nusseibeh, Interview
ZEIT Nr 24 (9.6.2011) 23-24, G Hamann: Im Internet auf Rabattjagd
ZEIT Nr 27 (30.6.2011) 44 Grafik: Smartphone von innen
ZEIT Nr 32 (4.8.2011), Fischermann/Hamann: Kontrollverlust (Hackers)
ZEIT Nr 35 (24.8.2006), Ch Drösser: Jahrhunderträtsel, Poincaré-Vermutung
ZEIT Nr 41 (7.10.2010), U Schnabel, M Rauner: Ein Nobel-Duo mit Spieltrieb
ZEIT Nr 46 (10.11.2011), W Uchatius: Kapitalismus in der Reichtumsfalle

Zobel D: Kreatives Arbeiten, 2007, expert verlag, Renningen
Zobel D: Systematisches Erfinden, 3.Aufl. 2004, expert verlag, Renningen

Weiterführende Buch-Literatur

(im Buchtext nicht explizit erwähnt)

De Bono E: Laterales Denken, 1971, Rowohlt, Reinbek
Buzan T: Use your Head, 1974, ISBN 0-563-10790-1
Dueck G: Aufbrechen! 2010, Eichborn AG, Frankf/Main
Eichhorn, Solte: Kartenhaus Weltfinanzsystem, 2009, Fischer TV, Frankf/Main
Geißler H: Ou Topos, 2010, Rowohlt TV, Reinbek
Geißler H: Sapere aude! 2012, Ullstein, Berlin
Hofstadter D R: Escher, Gödel, Bach, 1991, DTV, München
Jischa M F: Herausforderung Zukunft, 2005, Spektr. Akad. Verlag, München
Kapitza S: Global Population Blow up, 2006, Global Marshall Plan, Hamburg
Wagner H J: Was sind die Energien des 21. Jahrhunderts? 2008, Fischer TV, Frankf.

Anmerkungen

In der *Online Ausgabe des New Scientist* finden Sie ganz unten auf der Seite: *Links*, darunter *Magazine archive*. Dort können Sie alle Ausgaben des New Scientist von 1989 – 2011 aufschlagen, und dort finden Sie dann die von uns *zitierten Publikationen*. Leider stimmt der Titel in der Online-Version nicht immer exakt mit dem Titel der gedruckten Version (die wir zitieren) überein. Leider gestattet der Verlag nur Abonnenten, den Artikel in voller Länge zu lesen.

Danksagung

Zu diesem Buch – so klein es ist – haben viele weitere Personen neben uns, den Autoren, beigetragen:

Sig Brommer, unsere IBM-Kollegin, die einem von uns früher schon schöne Folien für Vorträge in Brüssel gezeichnet hat, war auch hier bei der Erstellung vieler Abbildungen dabei. Sie erkennen unschwer ihre Handschrift.

Andreas Helmling, der Bildhauer aus Hördt bei Karlsruhe hat uns freundlicherweise gestattet, seine Skulptur ***der Denker*** in einer verfremdeten Form auf dem Buchumschlag abzubilden. ***Wolfgang Becker***, Studienkollege und Professor an der Hochschule der Medien, Stuttgart, hat die Fotos professionell überarbeitet. Er hat auch den Buchentwurf vorab gelesen und kommentiert. Ebenso vorab gelesen und kommentiert haben das Buch ein Schulfreund, ***Eberhard Suckert,*** vormals Professor für Nachrichtentechnik an der FH Dortmund, der Chemiker *Dr.* ***Ulrich Künzel,*** unser IBM-Kollege und erfolgreicher Miterfinder und *Dr.* ***Reimar Spohr*** von der Gesellschaft für Schwerionenforschung, Darmstadt, der uns vor Jahren mit seinen Arbeiten über Schwerionen zu Erfindungsideen inspiriert hat. Diese vier haben uns über 500 Kommentare geschickt und mit ihren guten Empfehlungen eine deutliche Verbesserung des Buches bewirkt! Der Physiker *Dr.* ***Arwed Brunsch***, unser IBM Kollege und erfolgreicher Miterfinder hat uns die Abb. 24 zur Verfügung gestellt, Frau *Dr.* ***Alrun Benedikter*** schließlich, die erfahrene Germanistin aus Österreich, hat das Buch Korrektur gelesen und ebenfalls zu seiner Optimierung beigetragen!

Schließlich hat uns der Lektor des expert verlags, Herr *Dr.* ***Arnulf Krais,*** stets sehr hilfreich und kompetent beraten und Nachsicht geübt, als wir uns mit der Abgabe des Buches verspäteten und *schlussendlich hat unser Verleger, Herr Dipl.-Ing.* ***Elmar Wippler****, das Werk seiner hochgeschätzten Autoren an einem Wochenende von vorne bis hinten mit großem Gewinn gegengelesen.* Auch unsere Firma IBM hat natürlich zum Gelingen dieses Buches beigetragen: Sie ließ uns Freiräume und unterstützte ihre Erfinder großzügig, ließ erkennen, dass sie unsere Tätigkeit schätzte. Ihnen allen sei an dieser Stelle herzlich gedankt! Ohne diese umfangreichen Hilfen würde das Buch in dieser Form heute nicht vor Ihnen liegen.